Shritharanyaa J P
Saravana Kumar R

Melhorar a resistência da memória não volátil em sistemas incorporados

Shritharanyaa J P
Saravana Kumar R

Melhorar a resistência da memória não volátil em sistemas incorporados

Baseado em técnicas optimizadas de aprendizagem automática e compressão

ScienciaScripts

Imprint

Any brand names and product names mentioned in this book are subject to trademark, brand or patent protection and are trademarks or registered trademarks of their respective holders. The use of brand names, product names, common names, trade names, product descriptions etc. even without a particular marking in this work is in no way to be construed to mean that such names may be regarded as unrestricted in respect of trademark and brand protection legislation and could thus be used by anyone.

Cover image: www.ingimage.com

This book is a translation from the original published under ISBN 978-620-7-80483-2.

Publisher:
Sciencia Scripts
is a trademark of
Dodo Books Indian Ocean Ltd. and OmniScriptum S.R.L publishing group

120 High Road, East Finchley, London, N2 9ED, United Kingdom
Str. Armeneasca 28/1, office 1, Chisinau MD-2012, Republic of Moldova, Europe
Printed at: see last page
ISBN: 978-620-7-77047-2

Melhorar a resistência da memória não volátil em sistemas incorporados

Baseado em técnicas optimizadas de aprendizagem automática e compressão

Autores

Dr. J P Shritharanyaa

Professor assistente,

Escola de Engenharia Eléctrica e Eletrónica,

Universidade VIT Bhopal, Kothrikalan, Madhya Pradesh, Índia.

Dr. R Saravana kumar

Professor Associado,

Escola de Engenharia Eletrónica,

Instituto de Tecnologia de Vellore - Campus de Chennai,

Chennai, Tamil Nadu, Índia.

ÍNDICE DE CONTEÚDOS

<u>PREFÁCIO</u>

A memória de acesso aleatório não volátil (NVRAM) foi recentemente identificada como a tecnologia de memória principal mais recente em sistemas incorporados e de Internet das Coisas (IoT) devido às suas qualidades atractivas, como o consumo zero de energia estática e a grande densidade de células de memória. Por outro lado, a maioria das NVRAM tem baixa resistência à escrita devido à variação de escrita induzida pela carga de trabalho, o que leva a uma maior atividade de escrita em alguns blocos de memória do que nos outros blocos. Melhorar a resistência das NVRAM em arquitecturas incorporadas é muito importante devido às restrições limitadas das arquitecturas incorporadas em termos de dimensão, velocidade e pipelining da arquitetura.

Além disso, o consumo de energia dos dispositivos incorporados depende de dois factores significativos, o tempo de execução e a potência média consumida durante o desempenho, que, mais uma vez, depende da memória e do processador. Durante a execução das instruções, os dispositivos incorporados não conseguem executar as suas tarefas devido à falta de acessibilidade à memória, o que conduz a um fraco desempenho. Do mesmo modo, o atraso aumenta devido à falta de ciclos de resistência de leitura/escrita na memória. A principal razão para estes problemas é a utilização de NVRAM de baixa resistência como meio de armazenamento nos dispositivos incorporados.

Muitos trabalhos são propostos para melhorar a resistência da NVRAM. A maioria dos métodos de melhoria da resistência propostos envolve a monitorização constante dos níveis de desgaste de todas as linhas de memória ou a utilização de um nivelamento de desgaste grosseiro baseado num contador global, o que faz com que a melhoria de um dispositivo seja limitada pela célula de resistência mais fraca ou por um nivelamento de desgaste incorreto. O principal objetivo deste livro é abordar a complexidade dos projectos de

NVRAM, com enfoque nas placas incorporadas, e criar um protótipo que melhore a resistência da NVRAM utilizando a nova integração do modelo de previsão de carga de trabalho meta-heurístico da inteligência artificial e do modelo de compressão. Além disso, esta nova estrutura não é específica de um único dispositivo NVRAM.

Na parte inicial do trabalho, são estudadas as características de funcionamento de várias arquitecturas de memória NVRAM, tais como PCM, FeRAM, STTRAM, NAND Flash e RRAM, em termos de ciclos de leitura/escrita, nível de carga/armazenamento, velocidade, etc. Inicialmente, é desenvolvido um modelo de compressão dinâmica de padrões baseado em instruções por ciclo (IPC_DPC) para fazer face à elevada latência de escrita e à baixa resistência da NVRAM. O principal objetivo do modelo IPC_DPC proposto é minimizar a utilização de energia e a latência de cargas de trabalho pesadas durante a execução, pré-determinando os ciclos de instrução da carga de trabalho. O modelo IPC_DPC divide inicialmente as cargas de trabalho de baixo IPC e alto IPC e, em seguida, comprime as cargas de trabalho dinamicamente com base nos seus valores de IPC em comparação com o fator de limiar. Como resultado, o IPC_DPC melhora a taxa de compressão e reduz as latências de escrita associadas aos compressores tradicionais, o que reduz significativamente a atividade de escrita e melhora o tempo de vida da NVRAM.

A entrada para as arquitecturas incorporadas depende de muitos parâmetros de carga de trabalho, como a combinação de instruções, a memória cache e a previsibilidade de ramificações. No entanto, a parte inicial da técnica de compressão proposta funciona apenas com base no IPC. Por conseguinte, são necessários mais parâmetros para obter uma caraterização eficiente da carga de trabalho. Para tal, são necessários modelos inteligentes de aprendizagem automática para explorar as cargas de trabalho que podem ajudar a melhorar a resistência da memória. Além disso, estas preocupações são abordadas através da conceção de um modelo revolucionário denominado modelo WHEAL (Workload Hybrid Energy Adaptive Learning) para melhorar a resistência dos dispositivos NVRAM. A metodologia WHEAL proposta inclui uma avaliação da carga de trabalho utilizando um classificador ML híbrido e um mecanismo de compressão no controlador de memória. Na primeira fase do modelo proposto, as cargas de trabalho são caracterizadas pela Máquina de Aprendizagem Extrema (ELM) optimizada para baleias, na qual são calculados os diferentes parâmetros, como a precisão, a sensibilidade e a especificidade. Na segunda fase, as cargas de trabalho categorizadas são comprimidas utilizando o esquema Dynamic Workload Compression (DWC) e armazenadas na NVRAM para obter uma melhor resistência, sendo calculados parâmetros como a latência de escrita e o rácio de frequência de escrita.

Este livro conclui com os modelos de melhoria da resistência da NVRAM utilizando modelos inteligentes optimizados integrados com a técnica de compressão, cujo desempenho é validado com diferentes cargas de trabalho.

ORGANIZAÇÃO DO LIVRO

Este livro é configurado pela seguinte estrutura

O Capítulo 1 descreve os sistemas incorporados e apresenta as suas diferentes categorias

O capítulo 2 apresenta a memória, a sua finalidade e descreve as características da memória e os diferentes tipos de memória

O capítulo 3 apresenta a memória de acesso aleatório não volátil (NVRAM) e o seu papel nos dispositivos incorporados

O Capítulo 4 explica a resistência de uma memória e as técnicas de melhoramento da resistência que estão a ser utilizadas

O capítulo 5 demonstra a técnica de compressão consciente da energia e da latência baseada em IPC para NVRAM, utilizada para aumentar a resistência da memória. O desempenho das técnicas propostas é analisado com as técnicas mais avançadas.

O Capítulo 6 investiga uma técnica de compressão eficiente que é formada pela integração do modelo de IA híbrida e da técnica de compressão para melhorar a resistência da NVRAM.

LISTA DE SÍMBOLOS E ABREVIATURAS

ARM	-	Advanced RISC Machine
ACWL	-	Age Counter aware Wear Levelling
ADAS	-	Advanced Driver Assistance Systems
AMI	-	Advanced Metering Infrastructure
AWQ	-	Allowable Write Quota
ACO	-	Ant Colony Optimization
AI	-	Artificial Intelligence
ANN	-	Artificial Neural Network
BP	-	Back Propagation
BDI	-	Base Delta Immediate
BWT	-	Burrows Wheeler Transform
CPU	-	Central Processing Unit
CWER	-	Code Word Error Rate
CBSE	-	Compressed Block Selective Encryption Scheme
CME	-	Compression with Multi-ECC
CNN	-	Convolutional Neural Network
CPI	-	Cycles Per Instruction
DCW	-	Data Comparison Write
DT	-	Decision Tree
DNN	-	Deep Neural Network
DMC	-	Dual Memory Compression
DFPC	-	Dynamic Frequent Pattern Compression
DMS	-	Dynamic Memory block Screening
DP	-	Dynamic Pattern
DPEA	-	Dynamic Pattern Extraction Algorithm
DRAM	-	Dynamic Random Access Memory
DWC	-	Dynamic Workload Compression

ECU	-	Engine Control Units
EEMBC	-	EDN Embedded Microprocessor Benchmark Consortium
EEPROM	-	Electrically Erasable Prrogrammable Read Only Memory
ELSE	-	Endurance enhancing Lower State Encoding
ECC	-	Error Correction Code
ELM	-	Extreme Learning Machine
FeRAM	-	Ferro electric Random Access Memory
FPGA	-	Field Programmable Gate Array
FNW	-	Flip-N-Write
FPC	-	Frequent Pattern Compression
GEM5	-	General Execution-driven Multiprocessor Simulator
GPU	-	General Processing Unit
GP	-	Genetic Programming
HV	-	High Value
IDM	-	Incomplete Data Mapping
IIoT	-	Industrial IoT
I/O	-	Input/ Output
IoT	-	Internet of Things
IPC	-	Instruction Per Cycle
IPC_DPC	-	Instruction Per Cycle based Dynamic Pattern Compression
ILP	-	Integer Linear Programming
IoMT	-	Internet of Medical Things
KNN	-	K-Nearest Neighbour
LLC	-	Last Level Cache
LZM	-	Leading Zero Marking
LZ	-	Lempel-Ziv Compression algorithm
LCP	-	Linear Compress Pages
LV	-	Low Value
ML	-	Machine Learning

MRAM	-	Magnetic Random Access Memory
MTF	-	Move to Front coding
MLP	-	Multi-Layer Perceptron
MLC	-	Multi-level Cell
MDB	-	Multiple Dirty Bit
MMAS	-	Multi-write Mode Aware Scheduling
NB	-	Naïve Bayes
NVM	-	Non-Volatile Memory
NVRAM	-	Non-Volatile Random Access Memory
PSO	-	Particle Swarm Optimization
PC	-	Personal Computer
PCM	-	Phase Change Memory
PLC	-	Programmable Logic Controllers
PRAM	-	Phase change Random Access Memory
PCA	-	Principle Component Analysis
P/E	-	Program/ Erase
QoS	-	Quality of Serivice
RAM	-	Random Access Memory
RBER	-	Raw Bit Error Rate
RBW	-	Read Before Write
ROM	-	Read Only Memory
RRAM	-	Resistive Random Access Memory
RBSS	-	Rotation Block Starting Segment scheme
RTOS	-	Real-Time Operating Systems
SCADA	-	Supervisory Control and Data Acquisition
SLNN	-	Single-Layer Neural Network
SSD	-	Solid State Drive
STT_RAM	-	Spin Transfer Torque Random Access Memory
SP	-	Static Pattern

SRAM	-	Static Random Access Memory
SBC	-	Stream Based Trace Compression
SVM	-	Support Vector Machine
SRepl	-	Swap on Replacement
SW	-	Swap on Write
TPMS	-	Tire Pressure Monitoring Systems
WODSA	-	Wear Aware Out of order Dynamic Scheduling Algorithm
WOA	-	Whale Optimization Algorithm
WL	-	Word Line
WHEAL	-	Workload Hybrid Energy Adaptive Learning
WFR	-	Write Frequency Ratio

CHAPTER 1

INTRODUÇÃO AOS SISTEMAS INCORPORADOS

1.1 Sistemas incorporados

Um sistema incorporado é um computador portátil que combina hardware e software para executar funções específicas (David et al. 2010). O microcontrolador e o microprocessador desempenham um papel importante nos sistemas incorporados. Os principais componentes de um dispositivo incorporado são os processadores, as E/S, a memória e outros periféricos, como temporizadores, contadores e módulos de comunicação, etc.

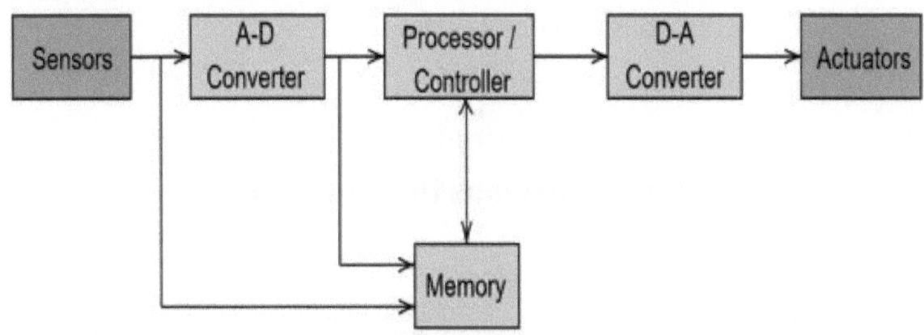

Figura 1.1 Estrutura básica do sistema incorporado

O principal objetivo da conceção de um sistema incorporado é obter uma elevada qualidade de serviço (QoS) com um menor consumo de energia. A maioria dos dispositivos incorporados tem uma estrutura compacta e foi concebida para efetuar as mesmas operações repetidamente. O baixo poder de processamento, a memória fixa e a capacidade de criar um sistema de baixo custo num chip abrem caminho à conceção e implementação de sistemas informáticos incorporados em muitas aplicações (Kah Phooi Seng et al. 2021). Os sistemas de controlo do ar condicionado, dos automóveis e dos sistemas industriais, os adaptadores de rede para computadores e telemóveis e os sistemas de vigilância são apenas alguns exemplos de sistemas incorporados. A Figura 1.1 mostra a estrutura básica de um sistema incorporado com os seus periféricos.

Características dos sistemas incorporados

- Específico da tarefa
- Uma interface de utilizador mínima
- Elevada fiabilidade
- Tempo específico
- Baixo custo
- Alta eficiência
- Fácil acesso
- Menor consumo de energia
- Tamanho e peso reduzidos

1.2   Categorias de sistemas incorporados

Os sistemas incorporados são classificados com base no seu desempenho, funcionalidade e complexidade. A figura 1.2 ilustra as categorias de um sistema incorporado com base nos critérios acima referidos.

Com base na complexidade

A compreensão destas categorias de sistemas incorporados com base na complexidade - sistemas incorporados de pequena, média e grande escala - permite conhecer as suas considerações de conceção, capacidades de desempenho e domínios de aplicação.

1. Sistemas incorporados de pequena escala:

Os sistemas incorporados de pequena escala caracterizam-se pela sua simplicidade, componentes de baixo custo e funcionalidade limitada. Estes sistemas são normalmente concebidos para uma única finalidade, tirando partido de microcontroladores com recursos mínimos. Exemplos de sistemas incorporados de pequena escala incluem: *Sensores IoT simples*: Sensores de baixo consumo com funcionalidade básica, como sensores de temperatura, sensores de humidade e detectores de movimento, utilizados em aplicações de domótica, monitorização ambiental e IoT industrial.

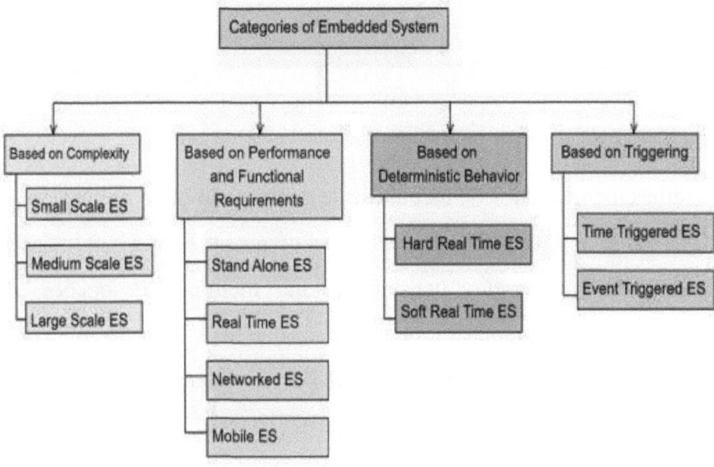

Figura 1.2 Categorias de sistemas incorporados com base nas suas características

Eletrónica de consumo: Os controlos remotos, os brinquedos electrónicos e os aparelhos básicos incorporam frequentemente sistemas incorporados de pequena escala para controlo e interação com o utilizador, com requisitos limitados de capacidade de processamento e de memória.

Sistemas incorporados no sector automóvel: Os sistemas integrados básicos do sector automóvel, como os sistemas de monitorização da pressão dos pneus (TPMS) e os controlos simples do painel de instrumentos, utilizam concepções de pequena escala para funções específicas sem a complexidade dos modernos sistemas de informação e entretenimento ou dos sistemas avançados de assistência ao condutor (ADAS).

Os sistemas incorporados de pequena escala dão prioridade à eficiência dos recursos, à relação custo-eficácia e à fiabilidade, servindo aplicações em que a funcionalidade simples é suficiente.

2. Sistemas incorporados de média escala:

Os sistemas incorporados de média escala conseguem um equilíbrio entre funcionalidade e limitações de recursos, oferecendo uma potência de processamento moderada, capacidade de memória e opções de conetividade. Estes sistemas suportam uma gama mais vasta de aplicações com maior complexidade em comparação com os projectos de pequena escala. Os exemplos incluem:

Controladores de automatização doméstica: Controladores centralizados para sistemas domésticos inteligentes, que gerem vários dispositivos, como luzes, termóstatos e câmaras de segurança, exigindo uma capacidade de processamento e memória moderadas para lidar com tarefas simultâneas e interacções do utilizador.

Sistemas de controlo industrial: Controladores lógicos programáveis (PLCs) e sistemas de controlo de supervisão e aquisição de dados (SCADA) em automação industrial, responsáveis pelo controlo de processos, monitorização e aquisição de dados em fábricas, instalações de energia e redes de infra-estruturas.

Dispositivos de monitorização médica: Os sistemas de monitorização de doentes e os dispositivos médicos portáteis incorporam sistemas integrados de média escala para processar dados fisiológicos, fornecer feedback em tempo real e garantir a segurança e o conforto dos doentes.

Os sistemas incorporados de média escala oferecem maior flexibilidade, capacidades computacionais e opções de conetividade, destinando-se a aplicações que exigem complexidade e desempenho moderados.

3. Sistemas incorporados de grande escala:

Os sistemas incorporados de grande escala representam o auge da complexidade e sofisticação, com processadores potentes, recursos de memória alargados e capacidades avançadas de ligação em rede. Estes sistemas integram múltiplos subsistemas e componentes de software para proporcionar um desempenho robusto em aplicações exigentes. Os exemplos incluem:

Sistemas de informação e entretenimento para automóveis: Os sistemas de informação e entretenimento para veículos integram funcionalidades de reprodução multimédia, navegação, comunicação e conetividade, tirando partido de sistemas incorporados em grande escala para proporcionar experiências de utilização envolventes.

Sistemas de aviónica: Os sistemas de gestão de voo, os ecrãs da cabina de pilotagem e os sistemas de comunicação das aeronaves nas aeronaves comerciais e militares modernas dependem de sistemas incorporados em grande escala para garantir um funcionamento seguro e eficiente, com requisitos rigorosos de fiabilidade e desempenho em tempo real.

Sistemas de redes inteligentes: A infraestrutura de medição avançada (AMI) e os sistemas de gestão de redes inteligentes incorporam sistemas integrados em grande escala para monitorizar, controlar e otimizar as redes de distribuição de eletricidade, facilitando a eficiência energética, a estabilidade da rede e a integração das energias renováveis.

Os sistemas incorporados de grande escala são excelentes no tratamento de tarefas complexas, suportando multitarefas, processamento em tempo real e características de conetividade essenciais para aplicações de elevado desempenho em vários domínios.

Com base nos requisitos de desempenho e funcionalidade

Os sistemas incorporados respondem a uma gama diversificada de aplicações, cada uma com exigências únicas de desempenho e funcionalidade. As quatro categorias principais são os sistemas incorporados autónomos, os sistemas incorporados em tempo real, os sistemas incorporados em rede e os sistemas incorporados móveis.

1. Sistemas incorporados autónomos:

Os sistemas incorporados autónomos funcionam de forma independente, realizando tarefas específicas sem necessidade de interação com dispositivos ou redes externas. São autónomos e frequentemente implantados em ambientes onde a conetividade é limitada ou desnecessária. Os exemplos incluem:

Sistemas de controlo incorporados: Dispositivos como fornos micro-ondas, máquinas de lavar roupa e controladores de termóstatos funcionam de forma autónoma, executando funções predefinidas sem intervenção externa.

Sistemas de automação industrial: Os controladores lógicos programáveis (PLC) e os controladores robóticos gerem os processos de fabrico e as máquinas, coordenando as operações num ambiente controlado.

Sistemas incorporados em eletrónica de consumo: Dispositivos como câmaras digitais, consolas de jogos portáteis e leitores de MP3 funcionam como unidades autónomas, proporcionando entretenimento ou utilidade sem dependerem de conetividade externa.

Os sistemas incorporados autónomos dão prioridade à fiabilidade, à simplicidade e ao comportamento determinístico, servindo aplicações em que a autonomia é fundamental.

2. Sistemas incorporados de tempo real:

Os sistemas incorporados em tempo real são concebidos para responder a entradas ou estímulos dentro de limites de tempo especificados, garantindo um comportamento atempado e previsível. Estes sistemas são críticos em aplicações em que a precisão do tempo é essencial, como nos domínios automóvel, aeroespacial e médico. Os sistemas incorporados em tempo real podem ainda ser classificados em dois tipos principais: Sistemas de tempo real duros e sistemas de tempo real suaves.

Sistemas em tempo real rígidos: Estes sistemas garantem que as tarefas críticas são executadas dentro de limites de tempo rigorosos para evitar resultados catastróficos. Os exemplos incluem unidades de controlo de motores (ECU) de automóveis, sistemas de controlo de voo de aeronaves e dispositivos de monitorização médica.

Sistemas de tempo real suaves: Os sistemas suaves em tempo real dão prioridade à execução atempada das tarefas, mas permitem que se falhe ocasionalmente o prazo sem consequências graves. Os exemplos incluem sistemas de fluxo contínuo de multimédia, equipamento de telecomunicações e sistemas de controlo de processos.

Os sistemas incorporados em tempo real privilegiam o determinismo, a capacidade de resposta e a fiabilidade, suportando aplicações com requisitos de temporização rigorosos.

3. Sistemas incorporados em rede:

Os sistemas integrados em rede tiram partido da conetividade para comunicar com outros dispositivos ou sistemas, permitindo a troca de dados, o controlo remoto e as operações de colaboração. Estes sistemas desempenham um papel fundamental no ecossistema da Internet das Coisas (IoT), facilitando ambientes interligados e serviços inteligentes. Os exemplos incluem:

Sistemas domésticos inteligentes: Os dispositivos IoT, como termóstatos inteligentes, controladores de iluminação e câmaras de segurança, comunicam através de redes locais ou baseadas na nuvem para fornecer capacidades de monitorização e controlo remotos.

Soluções de IoT industrial (IIoT): Sensores, actuadores e sistemas de controlo implementados em ambientes industriais trocam dados através de redes com ou sem fios para permitir a manutenção preditiva, o rastreio de activos e a otimização de processos.

Sistemas incorporados em redes inteligentes: Os dispositivos ligados em rede nas redes de distribuição de eletricidade permitem a monitorização em tempo real, a resposta à procura e a gestão da energia, facilitando a resiliência e a eficiência da rede.

Os sistemas incorporados em rede dão prioridade à interoperabilidade, à escalabilidade e à segurança, permitindo uma integração sem descontinuidades em ecossistemas interligados.

4. Sistemas incorporados móveis:

Os sistemas incorporados móveis são concebidos para dispositivos portáteis, oferecendo potência de computação, conetividade e eficiência energética num formato compacto. Estes sistemas permitem experiências de computação, comunicação e entretenimento em movimento. Os exemplos incluem:

Smartphones e Tablets: Os dispositivos móveis integram capacidades de comunicação, computação e multimédia, permitindo que os utilizadores acedam a informações, comuniquem e se divirtam enquanto estão em movimento.

Dispositivos vestíveis: Os smartwatches, os rastreadores de fitness e os óculos de realidade aumentada incorporam sistemas incorporados para fornecer monitorização personalizada da saúde, rastreio da atividade e apresentação de informações contextuais.

Sistemas incorporados no entretenimento automóvel: Os sistemas de entretenimento e navegação a bordo dos veículos incluem sistemas móveis incorporados para oferecer aos ocupantes serviços de reprodução multimédia, assistência à navegação e conetividade.

Os sistemas móveis incorporados dão prioridade à eficiência energética, à portabilidade e à experiência do utilizador, satisfazendo as exigências dos estilos de vida em movimento.

Com base no acionamento

Os sistemas incorporados podem ser categorizados com base nos seus mecanismos de acionamento, que determinam o modo como respondem a eventos ou estímulos externos. Duas categorias principais baseadas em mecanismos de ativação são os sistemas incorporados activados por eventos e os sistemas incorporados activados por tempo.

1. Sistemas embarcados acionados por eventos:

Os sistemas incorporados accionados por eventos respondem a eventos ou estímulos externos à medida que estes ocorrem, sem seguir uma programação pré-determinada. Estes sistemas utilizam normalmente arquitecturas accionadas por interrupções, em que a ocorrência de um evento interrompe o fluxo normal de execução do processador para tratar do evento. Exemplos de sistemas incorporados accionados por eventos são:

Sistemas baseados em sensores: Os sistemas incorporados equipados com sensores, como detectores de movimento, sensores de temperatura ou sensores de proximidade, respondem a alterações no seu ambiente gerando interrupções para iniciar acções ou processos específicos.

Sistemas de comunicação: Os sistemas integrados em rede, como os encaminhadores ou os comutadores de rede, tratam os pacotes de dados de entrada ou os eventos de rede gerando interrupções para processar e encaminhar os dados em conformidade.

Dispositivos de interface com o utilizador: Os dispositivos de entrada, como teclados, ecrãs tácteis ou botões, geram interrupções quando os utilizadores interagem com eles, desencadeando acções ou respostas do sistema incorporado, como a atualização de informações do ecrã ou a execução de comandos.

Os sistemas incorporados accionados por eventos oferecem flexibilidade e capacidade de resposta, dado que reagem a estímulos em tempo real sem necessidade de monitorização ou sondagem contínuas.

2. Sistemas embebidos com acionamento por tempo:

Os sistemas incorporados temporizados executam tarefas de acordo com um calendário ou padrão temporal predefinido, independentemente de eventos externos. Estes sistemas baseiam-se em temporizadores periódicos ou sinais de relógio para iniciar acções em intervalos ou momentos específicos. Exemplos de sistemas incorporados temporizados incluem:

Sistemas operativos em tempo real (RTOS): Os sistemas incorporados que executam núcleos RTOS programam tarefas com base em prioridades e condicionalismos temporais predefinidos, garantindo a execução atempada de tarefas críticas e gerindo simultaneamente os recursos do sistema de forma eficiente.

Sistemas de controlo automóvel: Os sistemas incorporados temporizados em aplicações automóveis, como as unidades de controlo do motor (ECU) ou os sistemas de acionamento de airbags, utilizam sinais temporizados para sincronizar operações críticas, como a temporização da injeção de combustível ou o acionamento de airbags, em coordenação com a dinâmica do veículo.

Automação industrial: Os sistemas integrados com temporização em ambientes de automação industrial utilizam sinais de temporização sincronizados para coordenar tarefas de controlo distribuídas, assegurando uma temporização precisa para o controlo de processos, controlo de movimentos e sincronização de operações de fabrico.

Os sistemas embebidos temporizados oferecem determinismo e previsibilidade, uma vez que as tarefas são programadas e executadas de acordo com requisitos temporais predefinidos, facilitando a coordenação e a sincronização em sistemas complexos.

Comparação de sistemas embarcados acionados por eventos e acionados por tempo:

Os sistemas incorporados accionados por eventos e accionados por tempo são comparados com base na sua utilização de recursos, aplicação, etc.

Flexibilidade vs. Determinismo: Os sistemas accionados por eventos oferecem flexibilidade e capacidade de resposta, reagindo a eventos externos à medida que estes ocorrem, enquanto os sistemas accionados por tempo oferecem determinismo e previsibilidade, executando tarefas de acordo com um calendário predefinido.

Utilização de recursos: Os sistemas activados por eventos podem consumir menos recursos, uma vez que apenas executam tarefas em resposta a eventos relevantes, ao passo que os sistemas activados por tempo requerem uma sobrecarga adicional para gerir os sinais de temporização e programar as tarefas.

Adequação à aplicação: Os sistemas activados por eventos são adequados para aplicações que requerem uma resposta rápida a eventos imprevisíveis, como a monitorização em tempo real ou a interação com o utilizador. Os sistemas temporizados são preferíveis para aplicações com requisitos de temporização rigorosos e operações sincronizadas, como a automação industrial ou o controlo automóvel.

CHAPTER 2

INTRODUÇÃO AOS DISPOSITIVOS DE MEMÓRIA

2.1   Esquema da memória

Devido às restrições limitadas, um dispositivo de armazenamento desempenha um papel importante em todos os sistemas informáticos, especialmente nos sistemas incorporados. O principal objetivo da memória é aceder facilmente aos dados para executar cada instrução pelo processador ou controlador no sistema no chip. A hierarquia de memória com tempo de acesso minimizado é mostrada na Figura 2.1, e é criada usando a localidade do comportamento do programa de referências.

Existem 0-4 níveis distintos de memórias utilizadas no hardware dos computadores e noutras arquitecturas integradas para armazenar conteúdos de forma permanente ou temporária (Ruud van der Pas 2002). O nível 0 contém apenas registos utilizados principalmente para representar os dados em termos de bits (dados de 8, 16, 32 e 64 bits), que variam consoante a arquitetura. Os níveis 1 e 2 são fontes primárias pertencentes ao armazenamento interno acedido através do processador. As duas memórias primárias são a memória só de leitura (ROM) e a memória de acesso aleatório (RAM). Os níveis 3 e 4 são a memória externa ou secundária a que se acede através do módulo E/S.

2.2   Características significativas da hierarquia da memória

- Capacidade de armazenamento - Refere-se à soma agregada de informações que a memória pode armazenar. A capacidade de armazenamento aumenta à medida que o nível de memória aumenta na hierarquia da memória.

- Tempo de acesso - É o tempo que decorre entre um pedido de leitura/escrita e a disponibilidade da informação. O tempo de acesso aumenta quando a hierarquia progride do primeiro para o último nível.

- Desempenho - Devido a uma variação substancial no tempo de acesso entre os registos da CPU e a memória principal, a diferença de velocidade entre os dois aumentou no início da arquitetura do sistema informático. Uma vez que o desempenho do sistema foi reduzido, foi necessário efetuar uma melhoria. O design da hierarquia de memória foi utilizado para efetuar esta melhoria, que aumenta o desempenho do sistema. A velocidade do sistema pode ser grandemente melhorada diminuindo a memória necessária para manipular dados.

- Custo por bit - O custo por bit aumenta da base para o topo da hierarquia, pelo que a memória interna é mais cara do que a memória externa (Bruce Jacob *et al.* 2007; Peter J, Denning 1970).

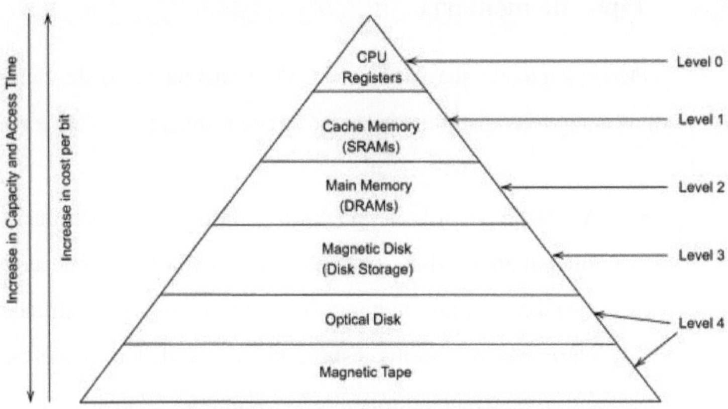

Figura 2.1 Taxonomia da memória

A Figura 2.2 descreve as categorias de memórias em três grupos distintos: Produção em massa, nicho e dispositivos emergentes, juntamente com as suas subcategorias.

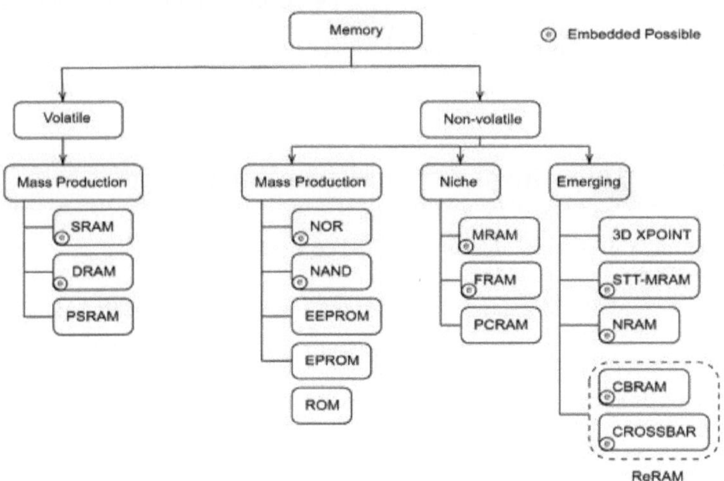

Figura 2.2 Categorias de memória

2.3   Tipos de memória

Dependendo da sua capacidade de armazenamento de dados, existem duas categorias distintas de memória, denominadas volátil e não volátil.

- Memória volátil: A memória volátil é um componente fundamental dos sistemas informáticos, fornecendo armazenamento temporário para dados e instruções enquanto o sistema está ligado. Os dados perdem-se automaticamente quando o sistema é desligado. É adequada para tarefas que envolvem o acesso e a manipulação rápida de dados durante o funcionamento ativo de um computador ou dispositivo eletrónico.
  - Exemplo: SRAM, DRAM
- Memória não volátil: Os dados manter-se-ão inalterados mesmo quando o sistema é desligado
  - Exemplo: ROM, PCM, STT_RAM

2.4   Dispositivos de armazenamento elétrico

Memória de acesso aleatório (RAM) e suas categorias

A RAM estática (SRAM) e a RAM dinâmica (DRAM) são os dois tipos mais comuns de dispositivos de memória principal volátil. O estado de uma "célula de memória de seis transístores" é utilizado para guardar os dados de 8 bits na memória estática. A SRAM é considerada a memória volátil mais rápida, com menor potência de fuga do que a memória dinâmica. É frequentemente utilizada como memória cache da CPU nos sistemas modernos.

Uma célula DRAM é constituída por um transístor e um par de condensadores que armazenam um bit de dados. Requer uma atualização periódica para manter a informação armazenada. A DRAM oferece uma elevada densidade e uma boa relação custo-eficácia, mas tem tempos de acesso ligeiramente mais lentos do que a SRAM. O condensador tem uma carga alta ou baixa (1 ou 0) e o transístor funciona como um interrutor, permitindo que o circuito de controlo do chip leia ou altere o estado de carga do condensador. Este tipo de memória é o tipo mais comum de memória de computador utilizado nos computadores modernos, uma vez que a sua construção é menos dispendiosa do que a das memórias emergentes. A DRAM e a SRAM estão representadas na figura 2.3. Existem dois tipos principais de memória DRAM: Synchronous Dynamic Random-Access Memory (SDRAM) e Double Data Rate (DDR) Synchronous Dynamic Random-Access Memory (DDR SDRAM).

A SDRAM (Synchronous Dynamic Random-Access Memory) é um tipo de DRAM que sincroniza as transferências de dados com o relógio do sistema. Esta sincronização permite taxas de transferência de dados mais elevadas e um melhor desempenho em comparação com a DRAM assíncrona tradicional.

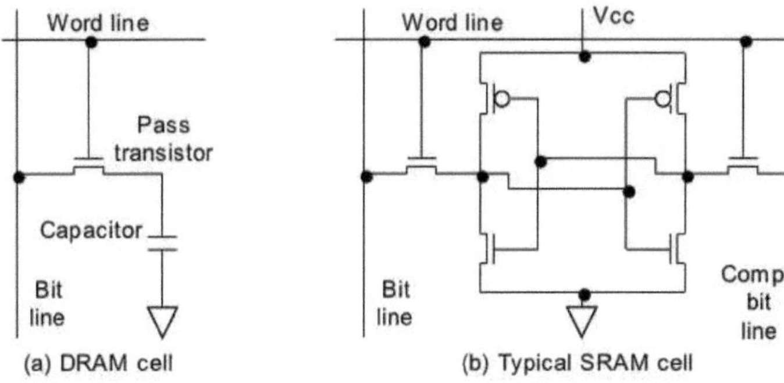

A Memória Dinâmica de Acesso Aleatório Síncrona de Taxa Dupla de Dados (DDR) (DDR SDRAM) é uma evolução da SDRAM que transfere dados nas extremidades ascendente e descendente do sinal de relógio, duplicando efetivamente a taxa de transferência de dados em comparação com a SDRAM de taxa única de dados (SDR).

Memória ROM (Read-Only Memory) e suas categorias

ROM, ou Read-Only Memory (memória só de leitura), é um tipo de armazenamento de dados presente em computadores e outros dispositivos electrónicos que não pode ser facilmente alterado ou reprogramado. A RAM é conhecida como memória volátil que guarda os dados mesmo que o sistema seja desligado, mas a ROM é não volátil e guarda permanentemente os dados que não foram reconfigurados. A ROM, por outro lado, guarda os dados permitindo que o transístor passe permanentemente do modo ligado para o modo desligado, tornando a memória inalterável. As ROM graváveis, como a EEPROM e a memória flash, têm qualidades semelhantes às da ROM e da RAM, permitindo que os dados permaneçam sem alimentação e sejam actualizados sem a utilização de equipamento especial. As unidades flash USB, os cartões de memória para sistemas de câmaras e os chips electrónicos mais pequenos para unidades de estado sólido são exemplos de ROM de semicondutores persistentes. Os diferentes tipos de ROM são analisados em seguida:

i.   Memória programável só de leitura (PROM)

A memória programável só de leitura (PROM) é um tipo de memória não volátil que permite o armazenamento permanente de dados ou instruções de programas. Os dispositivos PROM são constituídos por um conjunto de células de memória, cada uma das quais pode armazenar um bit de informação. Estas células de memória são constituídas por fusíveis ou antifusíveis, que são estruturas semicondutoras que podem ser programadas seletivamente para representar um 0 ou um 1. Os diferentes tipos de PROM são explicados a seguir:

A. PROM baseadas em fusíveis: Nas PROM baseadas em fusíveis, as células de memória contêm inicialmente elos fusíveis intactos. Durante a programação, são aplicados impulsos eléctricos a elos fusíveis específicos, fazendo-os "rebentar" ou partir, o que programa permanentemente a célula de memória correspondente para um estado lógico específico (0 ou 1).

B. PROM baseada em antifusíveis: A PROM baseada em antifusíveis funciona de forma semelhante, mas com um mecanismo diferente. Inicialmente, as células de memória têm antifusíveis intactos que não são condutores. Durante a programação, a aplicação de uma alta tensão em elementos antifusíveis específicos faz com que estes formem um caminho condutor, programando permanentemente a célula de memória para um estado lógico específico.

A programação PROM é um processo único e irreversível, o que significa que, uma vez programados, os dados armazenados não podem ser modificados ou apagados. A programação é normalmente efectuada por um dispositivo programador de PROM que aplica os sinais eléctricos necessários para programar o padrão de dados desejado no chip PROM. Um programador PROM é um dispositivo ou equipamento especializado utilizado para programar chips PROM. Fornece os níveis de tensão e os sinais de tempo necessários para queimar os elos fusíveis ou formar caminhos condutores nos antifusíveis, programando assim o padrão de dados desejado no chip PROM. A PROM encontra aplicações em vários domínios em que é necessário o armazenamento permanente de dados ou de código de programa:

A. Armazenamento de firmware: A PROM é normalmente utilizada para armazenar firmware, que é um conjunto de instruções ou código incorporado em dispositivos de hardware. O firmware armazenado na PROM inclui o firmware BIOS (Basic Input/Output System) em computadores, o firmware de microcontroladores em sistemas integrados e o firmware de vários dispositivos electrónicos.

B. Memória de configuração: A PROM é utilizada em dispositivos lógicos programáveis (PLD), como as matrizes lógicas programáveis (PLA) e os dispositivos lógicos programáveis complexos (CPLD), para armazenar dados de configuração que definem o comportamento das portas lógicas e das interligações no dispositivo.

C. ROMs de arranque: Nos microcontroladores e microprocessadores, a PROM é frequentemente utilizada como ROM de arranque para armazenar o código de programa inicial que inicializa o dispositivo e carrega o sistema operativo ou o código da aplicação da memória externa para a memória do sistema (RAM).

A principal limitação das PROM é o facto de poderem ser programadas uma única vez. Uma vez programados, os dados armazenados não podem ser modificados ou apagados, o que torna a PROM inadequada para aplicações que exijam actualizações ou modificações frequentes da informação armazenada. Os dispositivos PROM tendem a ser mais caros em comparação com outros tipos de memória não volátil, como a EEPROM (Electrically Erasable Programmable Read-Only Memory) ou a memória Flash, devido à complexidade do processo de fabrico e à caraterística de programabilidade única.

ii. Memória só de leitura programável e apagável (EPROM)

A EPROM (Erasable Programmable Read-Only Memory) é uma tecnologia de memória não volátil que permite que os dados sejam escritos, apagados e reprogramados várias vezes. Constitui uma solução flexível para armazenar firmware, dados de configuração e outras informações críticas em dispositivos electrónicos. A EPROM tem desempenhado um papel crucial no desenvolvimento de sistemas informáticos, oferecendo um equilíbrio entre flexibilidade e permanência. As EPROM são construídas utilizando transístores de porta flutuante, um tipo de MOSFET (Metal-Oxide-Semiconductor Field-Effect Transistor). Cada célula de memória numa EPROM é constituída por um transístor de porta flutuante e uma porta de controlo, dispostos numa matriz de linhas e colunas. A porta flutuante está isolada da porta de controlo e do resto do transístor, o que lhe permite reter os electrões quando é aplicada uma tensão elevada durante a programação.

As EPROMs são fabricadas com uma camada de óxido a cobrir a porta flutuante, o que impede a fuga de electrões. Esta carga retida determina o estado de cada célula de memória, representando dados binários (0s e 1s). A presença ou ausência de carga na porta flutuante altera a condutividade do transístor, permitindo a leitura dos dados armazenados. A programação da EPROM implica a aplicação de uma tensão elevada (normalmente cerca de 12-21 volts) à porta de controlo e à fonte ou substrato da célula de memória. Esta tensão faz com que os electrões atravessem a camada de óxido isolante e fiquem presos na porta flutuante. Uma vez programados, os dados permanecem armazenados na EPROM até serem apagados.

A eliminação da EPROM é um processo separado que remove a carga retida da porta flutuante, repondo as células de memória no seu estado original. A memória pode ser apagada expondo-a a uma forte luz ultravioleta durante um período de tempo (normalmente 10 minutos ou mais) e, em seguida, substituída por um procedimento que requer uma tensão maior do que a habitual. Embora a exposição repetida à luz UV possa eventualmente desgastar um chip EPROM, a maioria dos chips EPROM pode suportar mais de 1000 ciclos de apagamento e reprogramação. A "janela" de quartzo que permite a penetração da luz UV nos pacotes de chips EPROM pode ser detectada com frequência. Para evitar o apagamento não intencional, a janela é normalmente coberta com uma etiqueta após a programação. Alguns chips EPROM são apagados na fábrica e armazenados sem uma janela, o que os torna efetivamente PROM. Embora a EPROM ofereça reprogramabilidade e armazenamento não volátil, tem várias limitações em comparação com as tecnologias de memória modernas:

As EPROMs têm um número limitado de ciclos de apagamento/escrita, normalmente entre 10.000 e 100.000 ciclos. A programação e o apagamento repetidos podem degradar a camada de óxido e reduzir o tempo de vida do dispositivo. As EPROMs requerem exposição à luz UV para serem apagadas, o que pode ser incómodo e demorado. Além disso, a exposição à luz UV pode danificar a embalagem do dispositivo e levar a problemas de fiabilidade. As EPROM têm células de maiores dimensões em comparação com as tecnologias modernas de memória não volátil, como a memória flash, o que resulta numa menor densidade de armazenamento e em custos de fabrico mais elevados.

iii.   Memória programável só de leitura apagável eletricamente

A memória EEPROM (Electrically Erasable Programmable Read-Only Memory) é um tipo de memória não volátil que permite que os dados sejam escritos, apagados e reprogramados eletricamente. A EEPROM tem sido amplamente utilizada em várias aplicações, desde sistemas incorporados e eletrónica de consumo a aplicações automóveis e industriais. A EEPROM é outra memória apagável eletricamente que substitui os dispositivos PROM e EPROM. A principal vantagem da EEPROM está sobretudo ligada aos sistemas portáteis em pastilhas e aos servidores de topo de gama em nuvem, devido à sua flexibilidade na reconfiguração ao nível dos bytes e também à sua natureza não volátil.

A EEPROM é construída segundo princípios semelhantes aos da EPROM, mas com uma diferença fundamental: em vez de exigir a exposição à luz ultravioleta (UV) para ser apagada, a EEPROM pode ser apagada e reprogramada eletricamente. As células EEPROM são normalmente constituídas por um transístor de porta flutuante, semelhante à EPROM, mas com circuitos de controlo adicionais para alterar eletricamente o estado da porta flutuante. As células EEPROM podem ser programadas aplicando uma tensão elevada à porta de controlo e à fonte ou substrato da célula de memória, fazendo com que os electrões atravessem a camada de óxido isolante e fiquem presos na porta flutuante. Ao contrário da EPROM, que requer a exposição à luz UV para ser apagada, as células EEPROM podem ser apagadas seletivamente através da aplicação de impulsos eléctricos para remover a carga retida da porta flutuante, repondo a célula no seu estado original.

Os dados podem ser recuperados em termos de bytes únicos e alterados em nanossegundos. Geralmente, é constituída por "transístores de porta flutuante" ou "material de estado sólido" e tem uma longa duração (normalmente 1 000 000 de ciclos). Nos últimos tempos, a maioria dos sistemas incorporados inclui a EEPROM como uma estrutura de dois transístores por bit para apagar um byte na memória. A EEPROM é semelhante à memória flash, que é sobretudo utilizada como memória não volátil e ambas reescrevem os dados em nanossegundos. A tecnologia EEPROM é utilizada em alguns "dispositivos de segurança, como o cartão de crédito, o cartão SIM, a entrada sem chave", etc. Hassen et al descreveu em pormenor as várias categorias de dispositivos de armazenamento EEPROM em termos de colocação de células e de estruturas. O autor estudou os dois níveis diferentes de EEPROM e validou o dispositivo proposto em termos de otimização do tempo de computação.

A EEPROM tem um número limitado de ciclos de apagamento/escrita, normalmente entre 100.000 e 1.000.000 ciclos. A programação e o apagamento repetidos podem degradar a camada de óxido e reduzir o tempo de vida do dispositivo. A EEPROM tende a ser mais cara do que outras tecnologias de memória não volátil, como a memória flash, principalmente devido ao seu processo de fabrico especializado e aos circuitos de controlo adicionais.

iv. Memória Flash

Em 1984, a memória flash (ou simplesmente flash) foi introduzida como um novo tipo de EEPROM. A memória flash é mais rápida do que a EEPROM a apagar e reescrever dados, e os tipos mais recentes têm uma durabilidade extremamente longa (superior a 1 000 000 de ciclos). A partir de 2007, os CI individuais com uma capacidade tão elevada como 32 GB tornaram-se, devido à utilização eficaz da área do chip de silício pela memória flash NAND moderna e à sua resistência, dispositivos magnéticos substituídos. A memória flash encontra aplicações numa vasta gama de dispositivos, incluindo unidades de estado sólido (SSD), unidades flash USB, cartões de memória, smartphones, tablets, câmaras digitais e sistemas incorporados. Existem vários tipos de memória flash, cada um com características e aplicações únicas:

Flash NAND: O flash NAND é o tipo mais comum de memória flash e é utilizado em SSDs, unidades USB, cartões de memória e outros dispositivos de armazenamento em massa. Oferece uma elevada densidade de armazenamento e velocidades de leitura e escrita rápidas, o que a torna ideal para aplicações de armazenamento de dados.

Flash NOR: O flash NOR é menos denso e mais lento do que o flash NAND, mas oferece velocidades de leitura e acesso aleatório mais rápidas. É normalmente utilizada em aplicações que requerem a execução de código diretamente a partir da memória, como chips BIOS, armazenamento de firmware e sistemas incorporados.

eMMC (Embedded MultiMediaCard): o eMMC é um tipo de memória flash NAND integrada em sistemas incorporados, como smartphones, tablets e dispositivos IoT. Fornece uma interface normalizada para armazenamento e suporta funcionalidades como nivelamento de desgaste e correção de erros.

NAND gerida: A NAND gerida combina a memória flash NAND com um controlador flash para fornecer funcionalidades adicionais, como nivelamento do desgaste, gestão de blocos danificados e correção de erros. É normalmente utilizada em SSDs e noutros dispositivos de armazenamento de elevado desempenho.

As células de memória flash são compostas por transístores de porta flutuante dispostos numa estrutura em forma de grelha. Cada célula pode armazenar vários bits de dados através da captura de electrões na porta flutuante, alterando assim as propriedades condutoras da célula. A presença ou ausência de carga na porta flutuante determina os dados armazenados, com diferentes níveis de tensão a representar diferentes estados. As células de memória flash NAND estão organizadas numa série de células de memória ligadas numa grelha, com células dispostas em linhas e colunas. Esta organização permite o armazenamento e a recuperação eficientes de dados em grandes blocos.

A memória flash é programada através da aplicação de uma tensão elevada à porta de controlo e à fonte ou substrato da célula de memória, fazendo com que os electrões atravessem a camada de óxido isolante e fiquem presos na porta flutuante. Este processo altera as propriedades condutoras da célula, permitindo o armazenamento de dados. O apagamento da memória flash implica a aplicação de uma tensão elevada às células de memória, que remove os electrões presos da porta flutuante, repondo a célula no seu estado original. A memória flash pode ser apagada a nível de bloco, que consiste em várias células de memória, em vez de individualmente, permitindo o apagamento eficiente de grandes quantidades de dados.

Apesar das suas muitas vantagens, a memória flash tem algumas limitações e desafios:

A memória flash tem um número limitado de ciclos de programação/apagamento, normalmente entre 1.000 e 100.000 ciclos, dependendo da tecnologia e do processo de fabrico. A programação e o apagamento repetidos podem degradar as células de memória ao longo do tempo, conduzindo a um eventual desgaste. A memória flash apresenta uma amplificação de escrita, em que são necessárias várias escritas físicas para efetuar uma única operação de escrita lógica. Isto pode reduzir o tempo de vida útil da memória flash e afetar o desempenho, especialmente em aplicações de escrita intensiva. As células de memória flash podem ter problemas de retenção de dados ao longo do tempo, levando a uma potencial perda ou corrupção de dados se não forem geridas corretamente. Para resolver estes problemas, são utilizadas técnicas como o nivelamento do desgaste, a correção de erros e o aprovisionamento excessivo.

A memória flash tem sido utilizada como "dispositivo padrão de armazenamento não volátil", que é mais leve, mais resistente e consome menos energia. Este tipo de memórias flash é aplicado em "leitores de áudio digital, câmaras digitais, telemóveis e cartões de memória USB", podendo a memória flash tornar-se a forma dominante de armazenamento de dados finais na computação móvel.

2.5   Dispositivos de armazenamento mecânico

Fita magnética: Foi inventada pela primeira vez na Alemanha, em 1928, por Fritz Pfleumer, para fins de recolha de bandas sonoras. A fita é um suporte constituído por um fino revestimento magnetizável sobre uma longa tira estreita de plástico. Este tipo de fita é utilizado para quase todas as gravações áudio e vídeo, bem como para o armazenamento de dados informáticos.

Unidades de disco rígido (HDD): Os HDD foram introduzidos pela primeira vez em 1956 para guardar digitalmente os dados encriptados em pratos giratórios rápidos cobertos por superfícies magnéticas para um computador de contabilidade IBM. Uma unidade de fita e a sua fita, ou uma unidade de disquete e a sua disquete, são exemplos de dispositivos que estão separados do seu suporte. As aplicações dos discos rígidos aumentaram para incluir "gravadores de vídeo digital, leitores de áudio digital, assistentes pessoais digitais, câmaras digitais e consolas de jogos de vídeo" no século XXI.

Disco ótico: Em 1958, foi inventado o disco ótico. Esta categoria de disquete é formada por policarbonato para conseguir um processamento rápido no acesso aos dados. A estrutura deste disco ótico é rodeada por uma pista em espiral nas superfícies interna e externa do disco e tem o aspeto de uma "moldura plana ou circular". Os dados são recuperados através da irradiação do díodo laser, que é constituído por alumínio, na sua superfície. A maioria dos discos é iridescente à luz laser, o que é causado pelas ranhuras das camadas reflectoras. Os corantes orgânicos são normalmente utilizados nos discos ópticos de gravação única, enquanto as ligas de mudança de fase são utilizadas nos discos ópticos regraváveis.

A memória Millipede é um dispositivo de armazenamento não volátil que é lido e escrito por sondas baseadas em MEMS e é gravado em "buracos nanoscópicos" queimados na superfície de uma fina película de polímero. Este tipo de dispositivos de armazenamento substitui os modelos magnéticos dos discos rígidos e também degrada o fator de forma para o dos suportes Flash.

Armazenamento holográfico de dados (HDS): É uma tecnologia que substitui em perspetiva o armazenamento magnético e ótico convencional de dados no mercado do armazenamento de dados de alta capacidade. Todos os bits são registados na superfície do disco magnético ou ótico como lâminas individuais. Além disso, embora a armazenagem de dados magnéticos e ópticos registe a informação um bit de cada vez de forma linear, a armazenagem holográfica pode registar e ler milhões de bits em paralelo, permitindo velocidades de transmissão de dados mais rápidas do que a armazenagem ótica.

2.6 Importância da memória nos sistemas embebidos

Um módulo de memória é um periférico utilizado para armazenar temporária ou permanentemente programas ou dados em eletrónica digital. São utilizados muitos tipos diferentes de memórias num sistema incorporado, cada um com o seu modo de funcionamento único. Como resultado, os dispositivos incorporados têm um desempenho mais eficaz com uma memória muito mais eficiente. A Figura 2.4 ilustra os diferentes modelos de memórias incorporadas utilizadas nos sistemas informáticos system-on-chip. Nos sistemas embebidos, as memórias são utilizadas para armazenar programas e dados. As instruções, ou opcodes, executadas pelo processador são designadas por informações do programa, frequentemente guardadas em memória não volátil diretamente mapeada para o espaço de endereçamento do processador. Em alternativa, é armazenada em memórias externas (por exemplo, ficheiros numa partição) e carregada numa memória volátil pouco antes de o programa ser executado. A memória de dados é normalmente utilizada para armazenar dois tipos de dados. Um diz respeito aos dados intermédios que estão a ser processados, como uma variável que armazena um valor durante a execução de um algoritmo ou um bloco de controlo de processo num sistema operativo. O segundo tipo é a pilha, onde o processador armazena as suas funções de retorno e variáveis locais.

Figura 2.4 Estrutura dos dispositivos de memória incorporados

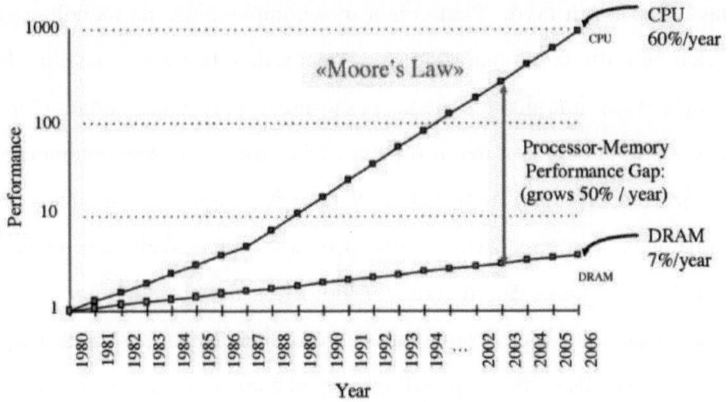

Figura 2.5 Diferença de desempenho entre processador e memória

A figura 2.5 ilustra a diferença de desempenho entre os microprocessadores e as memórias DRAM, que melhora 50% todos os anos (Concezio Bozzil *et al.* 2019).

A memória não autónoma é designada por "memória incorporada". Uma memória integrada ajuda o núcleo lógico a atingir os objectivos pretendidos. Os sistemas incorporados dependem fortemente da memória incorporada de alta velocidade e de grande largura de barramento, o que elimina as comunicações entre chips. Nos últimos anos, fizeram-se muitos progressos no sector da memória incorporada. Foram recentemente lançados no mercado produtos inovadores com memória incorporada, como a memória dinâmica de acesso aleatório (DRAM) incorporada.

Os projectistas de circuitos integrados aumentaram a sua atenção para o desenvolvimento de dispositivos de memória incorporados, uma vez que esta lacuna se agravou. Os projectistas tinham, pelo menos, duas coisas a seu favor. Para começar, a complexidade da tecnologia de fabrico permitiu combinar a lógica e a memória numa única pastilha. Em segundo lugar, a lógica e a memória são incorporadas num único chip, o que é possível devido à maior dimensão da matriz. Consequentemente, a memória incorporada tem várias vantagens, algumas das quais são enumeradas a seguir. Arquitetura dedicada, capacidade de memória específica da aplicação, menor consumo de energia e melhor relação custo-eficácia do sistema são apenas algumas das vantagens da utilização de menos pastilhas, menos pinos, memórias com várias portas e placas de circuito mais pequenas. Por outras palavras, os principais inconvenientes da memória incorporada são o facto de ser maior e mais difícil de conceber e fabricar.

A tecnologia óptima para uma célula de memória é diferente da utilizada para os dispositivos lógicos incorporados, pelo que é necessário comprometer a conceção e a tecnologia. Além disso, a integração de vários tipos de memória no mesmo chip torna o processamento muito mais complicado. A secção de memória do chip ocupa aproximadamente metade da área total do chip. Por conseguinte, um único chip com RAM, ROM e lógica é difícil de conceber e fabricar.

CHAPTER 3

MEMÓRIA DE ACESSO ALEATÓRIO NÃO VOLÁTIL

3.1   Descrição da NVM

Durante décadas, os sistemas informáticos dispuseram de muitos dispositivos de armazenamento incorporados, denominados RAM e ROM, como memória principal e secundária. A RAM estática e dinâmica desempenha um papel importante no carregamento e armazenamento dos dados em termos de conteúdos e endereços para o processamento de cada instrução. Por outro lado, os dispositivos de memória não volátil (NVM) são elementos electrónicos ou digitais de leitura/escrita que armazenam dados mesmo quando a alimentação é desligada. Os dispositivos NVM de semicondutores são utilizados em quase todos os universos digitais, desde células de armazenamento em enormes bancos de memória na nuvem até à eletrónica portátil de vestir. Estes dispositivos constituem um dos principais segmentos da indústria eletrónica de quatro biliões de euros. A memória não volátil surgiu devido à sua eficiência no armazenamento e às operações de leitura/escrita de dados facilmente acessíveis. Os dispositivos NVM são modelos mecânicos ou dispositivos programados eletricamente.

A memória de acesso aleatório não volátil (NVRAM) refere-se a tecnologias de memória que retêm os dados armazenados mesmo quando a alimentação é desligada, combinando as vantagens da não volatilidade com a capacidade de acesso aleatório. As NVRAM são categorizadas com base na sua lógica de programação ou método reconfigurável (ou seja, modelo apagável), descrito na Figura 3.1 (Chen An 2016). A maioria das NVRAM padrão são memórias à base de flash, nitreto e óxido de silício, que se tornaram tendência recentemente. Estas NVRAM são mais fiáveis e facilmente programáveis através de microcomputadores e facilmente substituíveis. Estas são as principais razões para adotar as novas memórias RAM não voláteis para fins de armazenamento. Existem cinco dispositivos NVRAM padrão: memória Flash, memória de acesso aleatório ferroeléctrica (FeRAM), memória de acesso aleatório magnética (MRAM), memória de mudança de fase (PCM) e memória de acesso aleatório resistiva (RRAM), que são integradas em sistemas portáteis em chips ou em grandes servidores em nuvem (Xie 2011). Agora, exploramos as suas tecnologias, características e aplicações.

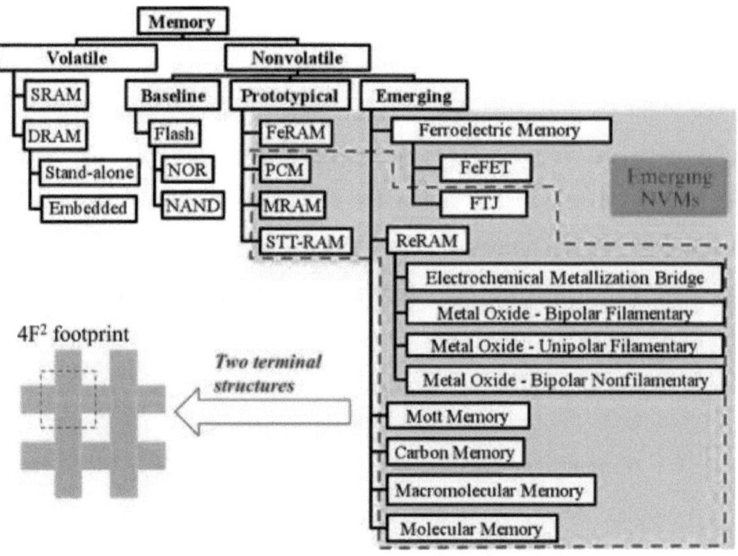

Figura 3.1 Categorias de memória não volátil

i. **Memória Flash**:

Tecnologia: A memória flash utiliza transístores de porta flutuante organizados numa estrutura semelhante a uma grelha. Cada célula armazena vários bits de dados através da captura de electrões na porta flutuante, alterando as propriedades condutoras da célula. As memórias flash NAND e NOR são os dois tipos principais, diferindo em termos de arquitetura e características de desempenho.

Características: A memória flash oferece uma elevada densidade de armazenamento, velocidades de leitura e escrita rápidas e um baixo consumo de energia. É amplamente utilizada em produtos electrónicos de consumo, dispositivos de armazenamento (por exemplo, SSDs, unidades USB) e sistemas incorporados.

ii.   Memória Ferroeléctrica de Acesso Aleatório (FeRAM):

Tecnologia: A FeRAM emprega material ferroelétrico para armazenar dados, utilizando o estado de polarização do material para representar dados binários. Os dados são armazenados através da aplicação de um campo elétrico para mudar a polarização, que permanece estável mesmo quando a energia é retirada.

Características: A FeRAM oferece velocidades rápidas de leitura e escrita, baixo consumo de energia e alta resistência. É adequada para aplicações que requerem operações de escrita frequentes, tais como sistemas incorporados, controlo industrial e eletrónica automóvel.

iii.   Memória magnética de acesso aleatório (MRAM):

Tecnologia: A MRAM utiliza elementos magnéticos para armazenar dados, baseando-se na orientação dos domínios magnéticos para representar estados binários. Os dados são escritos através da aplicação de campos magnéticos e a leitura é efectuada através da deteção de alterações na resistência devido ao estado magnético.

Características: A MRAM oferece velocidades rápidas de leitura e escrita, não volatilidade e alta resistência. É adequada para aplicações que requerem funcionamento a alta velocidade, baixo consumo de energia e resistência a factores ambientais, tais como eletrónica automóvel, dispositivos IoT e armazenamento de dados.

iv.   **Memória de mudança de fase (PCM):**

Tecnologia: O PCM utiliza vidro calcogeneto, que pode alternar entre as fases amorfa e cristalina, para armazenar dados. Os dados são armazenados através do aquecimento do material para alterar a sua fase, e a leitura é efectuada através da medição da resistência eléctrica.

Características: A PCM oferece velocidades de leitura e escrita rápidas, escalabilidade e elevada resistência. É adequado para aplicações que requerem funcionamento a alta velocidade, não volatilidade e resistência à radiação, tais como sistemas incorporados, memória de classe de armazenamento e inteligência artificial.

v.   **Memória de acesso aleatório resistiva (RRAM):**

Tecnologia: A RRAM baseia-se na mudança reversível da resistência de certos materiais para armazenar dados. Os dados são escritos através da aplicação de tensão para alterar o estado da resistência e a leitura é efectuada através da medição da resistência.

Características: A RRAM oferece velocidades rápidas de leitura e escrita, alta resistência e escalabilidade. É adequada para aplicações que requerem baixo consumo de energia, alta densidade e compatibilidade com a tecnologia CMOS existente, como a computação neuromórfica, dispositivos IoT e memória de classe de armazenamento.

A memória flash é amplamente utilizada como a memória mais rápida na última década, reconfigurada como blocos ou segmentos em microssegundos. Entre as NVRAM acima mencionadas, a categoria mais importante é o modelo FeRAM e PCM (Sheng-Wei Cheng *et al.* 2016; Arjomand *et al.* 2017). Em ambos os modelos, os dados são armazenados por elementos de armazenamento magnético em vez de elementos eletricamente carregados. Na FeRAM, os elementos são formados por duas placas ferromagnéticas separadas por uma fina camada isolante. A primeira placa é um íman permanente que permanece inalterado. A segunda placa é permutável de acordo com o campo externo. Em seguida, a categoria mais popular é a PCM, também designada por "memória unificada ovónica", que é formada pela inversão dos estados cristalino e amorfo. Finalmente, o dispositivo de memória não volátil é uma memória de alta velocidade, alta densidade e alta retenção, que é muito difícil de desenvolver. No cenário atual, o dispositivo DRAM é considerado um modelo de alta velocidade que é retido em 10 segundos, mas é volátil por natureza.

Do mesmo modo, a SRAM é uma memória volátil de alta velocidade programada em 5 ns, mas as características de densidade e retenção não estão numa gama considerável. Para ultrapassar este problema, as memórias não voláteis baseadas em PCM são muito utilizadas em vários computadores (Seznec 2010; Jia *et al.* 2017;

Mativenga *et al.* 2019). Uma NVM é incorporada vertical ou horizontalmente num sistema de armazenamento. Recorde-se que a integração horizontal significa que a NVM está integrada ao mesmo nível que a memória existente e que o sistema escolhe o tipo de memória a utilizar durante as diferentes operações (leitura ou escrita). Quando a NVM é integrada verticalmente, é posicionada entre dois níveis de memória existentes, deslocando um dos dois níveis e adicionando um terceiro. Por conseguinte, tal como acontece com a memória flash, são criadas várias técnicas de gestão de restrições e abstraídas para níveis superiores, a fim de integrar o novo sistema de armazenamento baseado em NVM na pilha de software de armazenamento tradicional. As NVM, tal como a memória flash com interface PCIe, são integradas verticalmente. Por último, estas memórias são integradas em dispositivos híbridos, como unidades de disco rígido com chips de memória flash incorporados.

Tabela 3.1 Resumo das diferentes características da NVRAM

Parâmetros	SRAM	DRAM	HDD	FLASH NAND	STT_RAM	ReRAM	PCM	FeRAM
Tamanho da célula $(F)^2$	120-200	60-100	NA	4-6	6-50	4-10	4-12	6-40
Resistênci a à escrita	10^{16}	10^{15}	10^{15}	10^4 - 10^5	10^{12} - 10^{15}	10 - 10^{811}	10 - 10^{89}	10^{14} - 10^{15}
Latência de leitura	0.2/ 2ns	10ns	3-5ms	15- 35 μs	2-35ns	10ns	20- 60ns	20- 80ns
Latência de escrita	0.2/ 2 ns	10ns	3-5ms	200- 500μs	3-50ns	50ns	20- 150ns	50- 75ns

Potência de fuga	Elev ado	Médi o	Baixa	Baixa	Baixa	Baixa	Baixa	Baixa
Energia dinâmica (ciclos R/W)	Baix a	Médi o	Médio	Baixa	Baixo/ elevado	Baixo/ elevado	Médio/ alto	Baixo/ elevad o
Maturida de	Mad uro	Mad uro	Madur o	Madur o	Protótipo	Protótip o	Protóti po	Industr ializad o

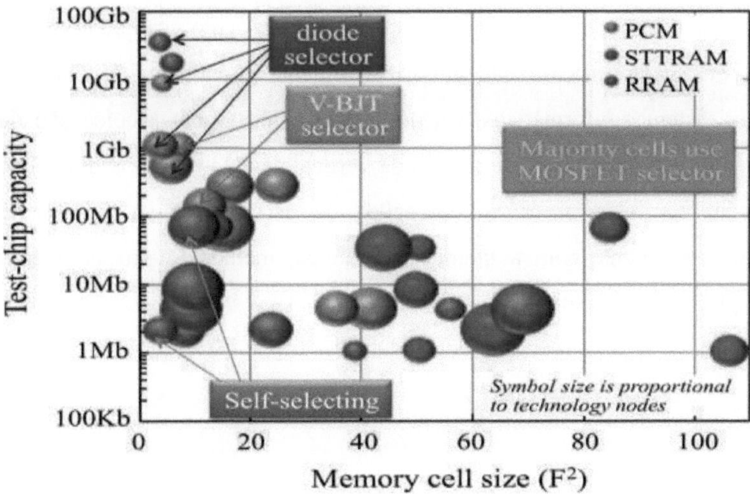

Figura 3.2 Resumo das características da NVRAM com base no tamanho do chip

A Tabela 3.1 apresenta em pormenor as características das NVRAM utilizadas em computadores incorporados. As figuras 3.2 e 3.3 mostram a resistência de cada modelo em termos de tamanho da memória e velocidade de escrita (Chen An 2016). Os ciclos de resistência da PCM variam de 10^6 a 10^8 entre 100ns e 10µs.

Como muitas NVMs têm características fascinantes, essas memórias são integradas no estágio mais alto da hierarquia de memória. As NVMs têm características de desempenho distintas das que são frequentemente associadas a memórias voláteis como a SRAM e a DRAM. Em primeiro lugar, conduz a um desempenho desequilibrado, com as operações de leitura a superarem as operações de escrita. As operações de escrita têm mais impacto na resistência da memória do que as operações de leitura. Por último, a maioria das NVM utiliza energia dinâmica apenas quando é acedida, o que é uma caraterística única que resulta em poupanças de energia significativas. A colocação da NVRAM é combinada verticalmente ou horizontalmente com a memória dinâmica nos sistemas informáticos. Há duas observações sobre a colocação da memória NVRAM: (i) se for ligada verticalmente à memória dinâmica, reduz as latências e as operações de escrita. (ii) se for fixada horizontalmente com a memória dinâmica, melhora o processamento rápido no transcetor.

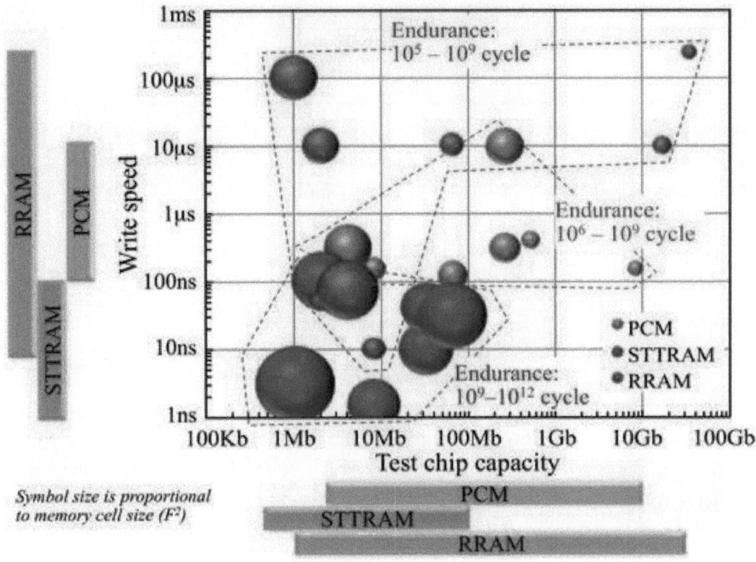

Figura 3.3 Resumo das características da NVRAM com base na velocidade de escrita

3.2   Aplicações NVRAM

As NVRAM são vitais em dispositivos incorporados, desde computadores portáteis a computadores de alto desempenho. A figura 3.4 ilustra os diferentes sectores de utilização da NVRAM (Meena *et al.* 2014). A inteligência artificial, a aprendizagem profunda, os grandes volumes de dados, as redes sociais, as indústrias médicas, as aplicações electrónicas e muitos outros domínios exigem novas tecnologias de memória para analisar enormes quantidades de dados.

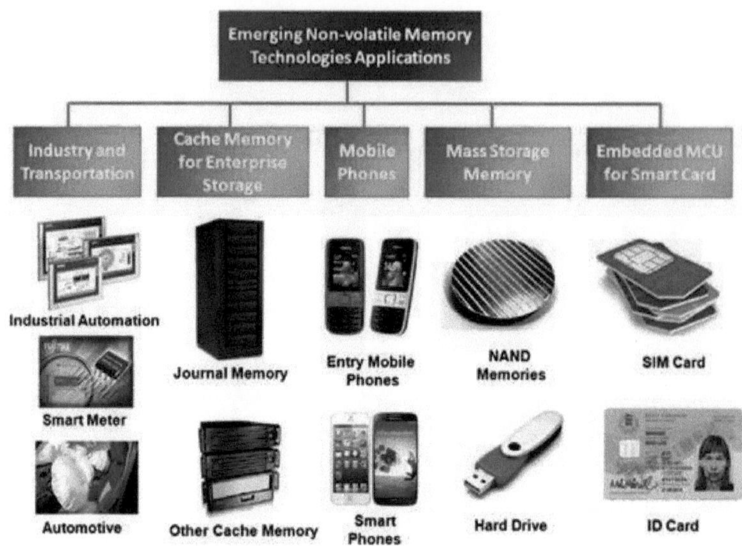

Figura 3.4 Aplicações da NVRAM

Trata-se de aplicações com utilização intensiva de dados que analisam dados maciços para transmissão e receção a nível mundial através de serviços Internet que requerem armazenamento externo em vez da hierarquia da memória principal. Recentemente, os dispositivos de memória RAM não volátil têm sido altamente recomendados para as aplicações supramencionadas, integradas em grandes PC, sistemas de computadores portáteis e sistemas integrados em pastilhas, para minimizar os ciclos de escrita/leitura de dados e melhorar o desempenho do sistema. Além disso, a memória NVRAM reduz o tempo de computação global ao reduzir o tempo de pesquisa, ao ser facilmente acessível aos dados e ao necessitar apenas de duas instruções para ler e escrever os dados do processador para a memória, o que beneficia grandemente os sistemas de computação.

Além disso, os servidores de gama baixa a alta utilizam os chips NVRAM emergentes para melhorar a fiabilidade, o desempenho, a QoS e o tempo de vida do sistema. Meena *et al.* (2014) discutiram as aplicações da NVRAM e os seus desafios. O autor utilizou o dispositivo NVRAM para aplicações de missão crítica para validação, a fim de minimizar o tempo computacional global.

3.3   Papel da NVRAM na memória cache

O primeiro nível de cache é acedido com uma frequência elevada na perspetiva da cache do processador (Jalil Boukhobza & Pierre Olivier 2017). A NVRAM provou ser a memória mais rápida na cache devido à sua estrutura de trabalho em comparação com as estruturas de RAM da memória principal (ou seja, SRAM e DRAM). Por outro lado, algumas NVM são utilizadas nas "memórias cache L3 ou L2, consoante os processadores", que acedem a uma carga menor. Por conseguinte, as NVM devem ser capazes de suportar enormes cargas de trabalho de operações de escrita quando integradas numa cache do processador (por oposição à integração da DRAM). Por outro lado, a maioria das NVRAM tem uma baixa resistência à escrita (Zhu Mei *et al.* 2020) devido à variação da escrita induzida pela carga de trabalho, que leva a uma maior atividade de escrita em alguns blocos de memória do que nos outros blocos. A utilização de sistemas de nivelamento do desgaste deve, por conseguinte, ser efectuada para aumentar a sua resistência.

CHAPTER 4

RESISTÊNCIA DA MEMÓRIA TÉCNICAS DE MELHORAMENTO

A resistência de um dispositivo de memória é definida como o número de vezes que os ciclos de escrita/apagamento são realizados antes de falhar a leitura dos dados correctos. Por conseguinte, a resistência à escrita de um bloco de memória flash é determinada pelo número de ciclos de programação/apagamento (P/E) que pode suportar antes de o suporte de armazenamento falhar. É de notar que as EEPROM, por exemplo, são programadas ao nível do byte, com o ciclo de apagamento/escrita a durar um byte ou uma página inteira. Para além da resistência intrínseca devida à conceção da memória, vários factores contribuem para a resistência global.

Esses factores são a temperatura e a tensão (condições de funcionamento). Temperaturas e tensões mais elevadas estão associadas a uma redução da resistência. No que respeita à tensão, não se trata apenas do nível de tensão, mas também do tempo durante o qual é aplicada. O conceito de retenção de dados refere-se à capacidade de manter a informação mesmo quando a alimentação é desligada. É fundamental recordar estes dois conceitos (resistência e retenção de dados), uma vez que estão interligados, pois a retenção de dados é uma consequência da resistência. A escolha do modo de escrita é o segundo fator que afecta a resistência. Em termos de resistência, uma escrita de página é mais eficaz. Quando um programador precisa de programar um único byte, a bomba de carga concentra-se nesse byte. Assim, a bomba de carga é difundida por mais bytes durante a gravação de página, levando ao desgaste da célula. A última chave é que a frequência com que o dispositivo é programado é apenas uma questão de design.

Para aumentar a durabilidade, o designer deve procurar um meio de programar a memória com a menor frequência possível. A retenção de dados é outro aspeto crucial a ter em conta quando se trata de resistência. A resistência é o parâmetro mais importante para a análise do desempenho da memória. Se a memória tiver baixa resistência, isso afectará a vida útil do dispositivo de memória. Isto, por sua vez, diminui o desempenho e a vida útil dos dispositivos incorporados que utilizam esse dispositivo de memória.

4.1   Técnicas de improvisação de resistência

As capacidades limitadas de ciclos de programação/apagamento das células de memória flash requerem um nivelamento do desgaste. O dispositivo pode desgastar-se rapidamente ou esgotar a sua resistência a programar/eliminar se for utilizado repetidamente um número limitado de blocos. O nivelamento do desgaste distribui a utilização das células do cartão de memória pela matriz de memória disponível, equacionando idealmente a utilização de determinadas células de memória e prolongando a vida útil do dispositivo. O nivelamento por desgaste pode ser efectuado de várias formas, cada uma das quais acrescenta complexidade ao mesmo tempo que prolonga a vida útil dos dispositivos flash. A falta de nivelamento por desgaste pode diminuir significativamente a vida útil de um dispositivo Flash, com base na escala da cache local utilizada para efeitos de nivelamento por desgaste relativamente ao espaço total da memória. Existem dois modelos padrão de nivelamento de desgaste, denominados estático e dinâmico, que reescrevem os blocos de uma forma predefinida em tempo de execução.

No entanto, a questão da resistência é um longo pesadelo para os projectistas de sistemas NVRAM. Pior ainda, porque os sistemas de gestão de dados das aplicações incorporadas utilizam normalmente uma estratégia de indexação para manter poucos dados, o que faz com que o tempo de vida da NVRAM seja curto nas aplicações incorporadas. Por conseguinte, Dharamjeet *et al.* (2021) concentraram-se em melhorar a resistência à escrita, desenvolvendo o esquema de indexação B+tree para NVRAMs para resolver este problema. O autor considerou o design da árvore B+ sensível ao desgaste, nomeadamente a árvore waB+, para considerar e atualizar a frequência de cada nó dentro da estrutura da árvore B+ para distribuir uniformemente a quantidade de tráfego de escrita para as células NVRAM. A abordagem proposta reduz consideravelmente a quantidade de tráfego de escrita no armazenamento NVRAM. Além disso, distribui uniformemente a quantidade de tráfego de escrita por todas as células de memória com a ajuda da estrutura de nós circulares, da conceção de pivôs e da estratégia global de nivelamento do desgaste.

Qingyue Liu *et al.* (2017) propuseram o nivelamento de desgaste Ouroboros como um conceito hierárquico de nivelamento de desgaste. Utiliza uma técnica de dois níveis, combinando o nivelamento do desgaste intra-regional frequente e de baixo custo numa granularidade pequena com o nivelamento do desgaste inter-regional em intervalos de tempo e granularidades mais elevados. Trata-se de uma técnica de migração híbrida que utiliza estimativas correctas da procura para melhorar as decisões de nivelamento do desgaste, tirando partido da aleatoriedade para evitar ataques de nivelamento do desgaste de padrões de acesso determinísticos.

Um heap híbrido geracional é proposto para empregar o coletor de lixo geracional como uma técnica de nivelamento de desgaste para distribuir a atividade de gravação na memória (Lingyu Zhu *et al.* 2018). Um heap híbrido geracional é um heap com NVM como espaço antigo e DRAM como espaço jovem. Este trabalho primeiro observa a atividade de gravação altamente desequilibrada na memória do espaço antigo (NVM). Durante o ciclo de recolha de lixo, o nivelamento é conseguido trocando apenas páginas NVM limitadas, o que estabelece um baixo desempenho. As páginas NVM de baixo desempenho ou as páginas mais quentes são seleccionadas pelo contador de intensidade de escrita, que é mantido para cada thread. Finalmente, a nova fase de recolha de lixo remapeia estas páginas mais quentes.

É proposto um método Start-gap para deslocar uma célula vazia ou uma célula de intervalo para perto da célula adjacente em cada 100 escritas (Qureshi *et al.* 2009). Essas células de memória acabarão por rodar e alcançar a célula vizinha quando percorrerem toda a memória. Isto ajudará a aumentar a resistência da memória. Este método requer menos recursos de hardware para ser implementado, mas o suficiente para ser uma técnica de nivelamento de desgaste quando a NVM é utilizada como um espaço antigo numa pilha.

Pan et al. (2017) propuseram um esquema de escalonamento sensível à escrita: Programação Linear Inteira (ILP) e técnica de recomputação para reduzir as actividades de escrita na memória principal. A primeira operação realizada é o agendamento com reconhecimento de escrita, que pode ser ILP ou Shuffle, seguido da recomputação. A combinação destas operações reduz as actividades de escrita desnecessárias para acelerar o tempo de conclusão do código e aumentar o tempo de vida da memória principal. Os autores testaram os esquemas propostos nos sistemas baseados em memória flash NAND e NOR com o benchmark DSPstone.

Luo et al. (2013) propuseram uma técnica de nivelamento de desgaste consciente do contador de idade exato (ACWL) baseada no contador de idade exato, que é incrementado quando o buffer de escrita e as bandeiras da unidade NVM física se sobrepõem. O ACWL divide uniformemente os danos das operações de escrita na memória através da atribuição ou troca para melhorar o tempo de vida da memória.

Ping Chi et al. (2016) fizeram um estudo sobre o esquema B+ - Tree existente e encontraram alguns problemas para melhorar o desempenho da NVM. Como resultado, os autores propuseram um esquema adaptativo B+ - Tree e três outros esquemas diferentes para a memória principal emergente baseada em NVM. As técnicas propostas têm como objetivo reduzir o consumo de energia, melhorar o desempenho e aumentar o tempo de vida da NVM.

Shang Wei Cheng et al. (2016) consideraram o período de garantia e os ciclos de escrita para encontrar o estado de uma página para melhorar o tempo de vida da memória PCM utilizada como memória principal em sistemas incorporados. Eles propuseram um projeto de gerenciamento de página com reconhecimento de garantia para evitar a troca desnecessária de páginas. Para o efeito, definiram a quota de escrita permitida (AWQ) e compararam-na com o estado da página. Os autores efectuaram experiências exaustivas na memória PCM com os parâmetros de referência SPEC2006.

Chang et al. (2016) propuseram duas técnicas de nivelamento de desgaste: Bucket-based wear levelling & Array-based wear levelling. A primeira é implementada na camada de SO e a segunda na camada de hardware. As técnicas utilizam a unidade de gestão consciente do tempo de vida para decidir a atribuição de páginas e a troca de páginas com base nas contagens de escrita das páginas nos contadores. Desta forma, as páginas antigas do PCM são colocadas longe, para que possam ser menos utilizadas e evitar o desgaste das páginas.

Wang et al. (2017) propuseram duas técnicas diferentes: (1) esquema ao nível da palavra e (2) esquema ao nível da partição para prolongar o tempo de vida da memória cache de último nível (LLC). O esquema utiliza o LZM para reduzir a quantidade de operações de escrita na metade superior e permite duas técnicas de troca, nomeadamente SW e SRepl, para trocar as variações de escrita entre a metade inferior e superior dos dados de largura estreita. Além disso, as técnicas de otimização MDB e RBW são utilizadas nos dados de largura estreita para reduzir ainda mais as operações de escrita na LLC. No segundo esquema, os autores propuseram a separação da cache para aplicações que não fazem uso intensivo da escrita e aplicações que fazem uso intensivo da escrita, utilizando técnicas de particionamento baseadas em software e hardware. Após o particionamento, os dados das aplicações de escrita intensiva são trocados para a área da cache das aplicações de escrita não intensiva utilizando a técnica de troca estática ou dinâmica proposta.

Pan et al. (2017), ao proporem um agendamento de tarefas adequado, escolhendo o modo de operação de escrita correto e distribuindo as operações de escrita, melhoraram a resistência do NVM. A este respeito, os autores propuseram um novo algoritmo Multi-write Mode Aware Scheduling (MMAS) para ser executado em tempo polinomial para agendar a tarefa e selecionar o modo de escrita correto para reduzir a latência de escrita. Também propuseram um algoritmo de seleção dinâmica de blocos de memória (DMS) para distribuir uniformemente as operações de escrita na memória.

Wonyoung Lee et al. (2019) propuseram uma técnica de codificação de estado inferior (ELSE) que melhora a resistência para as memórias flash NAND. O principal insight da técnica é explorar a relação entre páginas e a dependência de dados na memória. Os autores propuseram melhorar a resistência da memória fazendo com que a maioria das células de memória tenha um estado inferior, uma vez que as células num estado inferior têm menos degradação. O algoritmo proposto consegue-o procurando o padrão de pares de bits de entrada que ocorrem frequentemente e mapeando-o para o padrão de estado inferior. Ao conseguir isto, a retenção da memória aumenta como resultado de uma maior resistência.

Kong et al. (2021) propuseram um algoritmo de programação dinâmica Wear Aware Out of order (WODSA) para unidades de estado sólido (SSD) baseadas em flash NAND utilizadas em produtos electrónicos de consumo. O algoritmo trabalha com os pedidos de leitura e escrita para melhorar o desempenho e o tempo de vida da memória. Em primeiro lugar, dá prioridade aos pedidos de leitura para o agendamento fora de ordem e agenda os pedidos de escrita por ordem sequencial. Em segundo lugar, os autores propuseram um novo esquema de programação de leitura baseado no paralelismo máximo para obter o paralelismo máximo de leitura. Os autores também propuseram um esquema de atribuição dinâmica de escrita para pedidos de escrita, a fim de atribuir a atividade de escrita a células de memória inactivas e menos gastas.

Christian Hakert et al. (2022) propuseram uma solução de nivelamento de desgaste baseada em software para a NVM. O algoritmo proposto utiliza os recursos de hardware disponíveis da memória e aproxima o acesso de leitura e escrita na memória. As contagens aproximadas de acesso de leitura e escrita são dadas como entrada para a técnica de nivelamento por desgaste sensível à idade para analisar os pontos quentes na memória. Além disso, os autores propuseram duas técnicas adicionais de nivelamento de desgaste de granularidade grosseira para regiões de texto e de pilha. As contagens de acesso de leitura e escrita ajudam a estimar a idade da célula, o que, por sua vez, ajuda a aumentar o tempo de vida da memória.

Alameldeen et al. (2004) propuseram uma técnica de compressão de linhas de cache palavra a palavra com baixo overhead e elevado rácio de compressão. O esquema de compressão de padrões frequentes (FPC) é proposto para comprimir as linhas de cache curtas. O conceito-chave do esquema é procurar uma correspondência de palavras na tabela de padrões predefinida. Se corresponder, a palavra é codificada com o formato comprimido e armazenada na memória. O formato comprimido inclui um prefixo de 3 bits e dados. O esquema proposto garante que o tamanho do formato comprimido não excede o tamanho da palavra original. A tabela de padrões tem um conjunto de padrões com menos bits de dados que ocorrem frequentemente no código. Os autores propuseram um projeto em que os dados são armazenados em formato comprimido na cache L2 e em formato não comprimido na cache L1. Os dados não-comprimidos são armazenados como uma palavra de 32 bits na memória. Os autores utilizaram o benchmark SPEC CPU2006 e efectuaram um estudo experimental exaustivo. O esquema proposto melhora a capacidade da cache e a largura de banda fora do chip.

Dong Xin et al. (2005) desenvolveram padrões de dados comprimidos baseados em clusters para memória de grande dimensão. A abordagem gulosa é segregada como "RPglobal e RPlocal" para gerar o padrão de dados minimizado representativo para grandes cargas de trabalho. Ambas as abordagens identificam as diferenças entre os padrões locais e globais com métricas de distância explicitamente concebidas para agrupar os padrões como os clusters locais e globais. No entanto, a limitação do primeiro método é a elevada complexidade computacional e, o segundo, a baixa eficiência.

Cho et al. (2009) propuseram uma técnica de nível microarquitectural, Flip-N-Write (FNW). O conceito chave do esquema proposto é minimizar a programação de bits desnecessária, inspeccionando a palavra de dados antiga na memória antes da operação de escrita. Para o conseguir, os autores alteraram a operação de escrita para a operação de leitura-modificação-escrita para evitar a programação de bits quando não é necessária. O algoritmo proposto inspecciona os dados antigos na memória e os novos dados, se o número de bits de diferença exceder N/2 bits (em que N é a largura da palavra da memória), então o algoritmo inverte os dados e guarda-os na memória juntamente com o bit de inversão. Os autores propuseram um esquema para a memória de acesso aleatório com mudança de fase (PRAM). O esquema proposto melhora a energia de escrita, o desempenho e a resistência da memória. Os autores utilizaram o SPECCPU2006 para o seu estudo.

Gennady Pekhimenko et al. (2012) implementaram uma nova técnica de compressão, Base Delta Immediate (BDI), na memória cache para melhorar a capacidade da cache. O esquema proposto consegue aumentar a capacidade da cache com baixa latência de compressão e descompressão. A principal caraterística do esquema proposto é a baixa gama dinâmica entre os valores nas linhas de cache. Como resultado, cada linha de cache é representada como um valor de duas bases, e uma matriz de diferenças entre os valores é então armazenada na memória. A representação base+delta ocupa menos bits do que os bits não comprimidos. O esquema proposto envolve operações simples de adição, subtração e comparação de vectores, pelo que oferece uma baixa latência de descompressão. Com base na técnica BDI, os autores propuseram um projeto de cache comprimida que melhora o desempenho de sistemas de núcleo único e de múltiplos núcleos. Este modelo alcançou melhores latências de compressão da cache de acordo com a prova teórica.

David Dgien et al. (2014) propuseram um novo modelo de compressão para RAMs não voláteis. Uma estratégia simplificada baseada em compressão para aumentar a eficácia das operações de escrita em memórias não voláteis, reduzindo o número de bits escritos para a operação de escrita. A estratégia proposta utiliza o FPC para reduzir o número de bits de escrita antes de serem escritos na matriz de memória, implementando o motor de compressão e descompressão no módulo de memória. A estratégia também utiliza uma técnica de nivelamento do desgaste para distribuir a atividade de escrita pelas células de memória.

Palangappa et al. (2016) propuseram um esquema, CompEx, que integra a técnica de compressão e a codificação de expansão. Os autores utilizaram a técnica de compressão ao nível da palavra FPC e a técnica de compressão ao nível da cache BDI para reduzir o tamanho dos bits de entrada da memória antes de os armazenar. A compressão é seguida pela codificação de expansão (k,m)q, que codifica os dados utilizando o estado de baixa energia da célula de memória. Isto garante que o tamanho do bit de dados resultante do esquema proposto não excede o tamanho dos dados originais.

Jalili et al. (2017) estudaram os efeitos da execução do algoritmo de criptografia na memória principal da NVM. Como resultado do estudo, os autores descobriram que o efeito de avalanche do algoritmo de criptografia afecta a resistência da memória. Nas aplicações de criptografia, metade dos dados de origem é alterada, o que provoca o efeito de avalanche. Os autores propuseram uma nova arquitetura CryptoComp para garantir a resistência e a segurança da memória principal NVM. A arquitetura proposta inclui dois esquemas: CBSE E RBSS. Os autores propuseram também um esquema de nivelamento do desgaste ao nível do bloco para distribuir os desvios de bits e aumentar o tempo de vida da memória. Os autores utilizaram a PCM como memória principal para o estudo.

Kim et al. (2017) propuseram a Arquitetura Transparente de Compressão de Memória Dupla (DMC), que utiliza dois algoritmos de compressão existentes: algoritmos optimizados para a capacidade e algoritmos optimizados para a latência. Além disso, os autores exploraram o padrão de acesso aos dados na memória. No esquema proposto, os dados acedidos com frequência são comprimidos utilizando uma técnica de compressão de baixa latência: DMA-LCP optimizado para latência, e os dados acedidos com pouca frequência são comprimidos utilizando uma técnica de compressão lenta e elevada: DMA-LZ optimizado para capacidade. O esquema proposto é implementado no Hybrid Memory Cube (HMC) e resulta num aumento da capacidade e do desempenho da memória.

Freudenberger et al. (2018) implementaram um esquema de compressão com requisitos mínimos de hardware. O esquema proposto inclui os algoritmos Burrows Wheeler Transform (BWT) e Move to Front coding (MTF) que são seguidos pela codificação Huffman fixa. Os autores derivaram a codificação Huffman fixa a partir da saída dos algoritmos BWT e MTF. O esquema proposto aumenta a resistência do ciclo P/E e o tempo de retenção dos dados na memória flash, reduzindo a quantidade de dados do utilizador. Além disso, a redução dos dados do utilizador aumenta a redundância do ECC, o que melhora a fiabilidade do sistema de armazenamento de dados.

Palangappa et al. (2018) propuseram uma arquitetura de compressão baseada em padrões: CASTLE, que integra compressão de dados e técnicas de Mapeamento de Dados Incompletos (IDM). Os autores utilizaram as técnicas de compressão FPC e BDI existentes. A saída da compressão é seguida pela técnica IDM. A arquitetura CASTLE proposta permite obter baixa energia, baixa latência e elevada resistência em NVM.

Yuncheng Guo et al. (2018) propuseram o Dynamic Frequent Pattern Compression (DFPC), que analisa a natureza da distribuição de dados na memória para gerar um padrão dinâmico. Os autores expandiram a tabela de padrões com padrões dinâmicos e estáticos. Os padrões dinâmicos são os padrões de palavras muito frequentes que aparecem frequentemente no código e são obtidos em tempo de execução. O esquema proposto verifica a correspondência dos dados de entrada na tabela de padrões; se for encontrada uma correspondência, os dados são codificados com o formato comprimido e armazenados na memória com os bits compressíveis e invertidos. Os autores estudaram exaustivamente a memória PCM com os parâmetros de referência SPECCPU2006. O esquema proposto melhora a capacidade da cache e a resistência da memória.

Feng et al. (2019) utilizaram as vantagens de duas técnicas de compressão existentes para propor um esquema energeticamente eficiente. O esquema proposto combina técnicas de compressão e codificação de dados para melhorar a resistência da NVM. Os autores utilizaram as técnicas de compressão FPC e BDI para minimizar o tamanho dos dados a serem armazenados na memória. Estas técnicas poupam mais espaço na memória, que é utilizado para armazenar os bits de etiqueta das técnicas de codificação de dados. Além disso, para minimizar as inversões de bits das linhas de cache não comprimidas, os autores utilizaram o método Flip-N-Write.

Irina Alam et al. (2019) propuseram um novo esquema de proteção ECC: Compressão com Multi-ECC (CME) para STT_RAM. O esquema proposto reduz inicialmente o tamanho da cache por compressão e minimiza o peso de hamming de cada bloco de cache usando a codificação de inversão sensível ao peso de hamming. Os bits poupados pela técnica de compressão (CME) são utilizados para aumentar a proteção ECC. Para além disso, a CME proposta reduz a probabilidade de bloco ao reduzir a probabilidade de inversão de bits.

Os benefícios destes métodos são: (i) aumentar o tempo de vida das memórias flash (ii) tornar a matriz de memória eficiente.

4.2 Aprendizagem automática para a previsão do enduro

Apesar das vantagens das técnicas acima mencionadas, existem muitas restrições à utilização dos modelos de nivelamento do desgaste em termos de (i) sobrecarga do controlador muito elevada (ii) elevado nível de atraso nos ciclos de escrita (iii) maior consumo de energia (iv) complicações de alto nível, que ocorrem na implementação destas técnicas de nivelamento do desgaste, e (v) não otimização do tempo de vida da matriz de memória devido ao processo de desgaste repetido. Estas são as principais razões para avançar para a criação de um modelo de resistência totalmente automatizado utilizando inteligência artificial e modelos de aprendizagem.

Como já foi referido, foram efectuados trabalhos para prever a resistência da memória da seguinte forma: A Programação Genética (PG) é uma parte de um Algoritmo Evolutivo, uma técnica de aprendizagem automática supervisionada que aprende ou faz evoluir automaticamente uma solução para um problema. A GP é utilizada para prever a retenção e a resistência da memória (Damien Hogan 2013). A retenção é o período de tempo durante o qual a célula de memória retém os dados. A GP prevê a retenção empregando expressões de classificação binária. A resistência é avaliada através da adoção de expressões de regressão simbólica. Esta estima o número de ciclos de escrita que cada célula de memória adapta antes de falhar. Estas emulações são efectuadas após extensas avaliações empíricas do número de dispositivos de memória para identificar as características. As características como a duração do programa, as operações de apagamento, etc., são utilizadas como um conjunto de dados para a GP.

Os ciclos P/E repetidos aumentam a taxa de erro de bits brutos (RBER), o que, por sua vez, desgasta a memória. Os erros num sector de dados (palavra de código) são corrigidos e detectados pelo Código de Correção de Erros (ECC). No entanto, é impossível recuperar os dados quando os erros de bits excedem um determinado nível. A Máquina de Vectores de Suporte (SVM) é um algoritmo de aprendizagem supervisionada utilizado para problemas de classificação. O SVM é utilizado para prever o número de ciclos P/E de cada célula num dispositivo de memória antes de se tornar impossível de corrigir pelo ECC (Fitzgerald *et al.* 2017). Com base no resultado do SVM, o sistema gere o dispositivo de memória.

Alguns dos dispositivos flash apresentam problemas na caraterização e otimização da fiabilidade da memória, ao mesmo tempo que diminuem o custo de implementação da memória. O agrupamento de dados é um algoritmo utilizado para otimizar as contramedidas para melhorar a fiabilidade da memória (Zambelli *et al.* 2017). Ao analisar um grande conjunto de dados de dispositivos de memória, o algoritmo encontra a área homogénea em termos de resistência na memória e optimiza as estratégias do Código de Correção de Erros (ECC) para a fiabilidade da memória.

No entanto, alguns autores também se concentraram no desenvolvimento de meta-heurísticas baseadas em métodos de melhoria da resistência, mas não em métricas de consumo de energia e latência, que são outros parâmetros significativos em memórias não voláteis.

4.3 Área que precisa de ser melhorada

Os dispositivos de sistemas incorporados são concebidos para aplicações específicas. As características significativas dos sistemas incorporados são o baixo consumo de energia, a menor capacidade de memória, o consumo controlado de recursos e o baixo custo de implementação. No entanto, a capacidade limitada de memória do sistema é uma desvantagem, que irá degradar o desempenho do sistema.

A RAM não volátil é a escolha da maioria dos projectistas de sistemas incorporados como memória principal, uma vez que tem mais vantagens, como o baixo consumo de energia, o armazenamento de dados mesmo quando a alimentação está desligada, etc. Esta é a tendência recente em que, nos sistemas incorporados, as NVRAM são utilizadas como memória principal. No entanto, embora a NVRAM tenha mais vantagens do que a SRAM/DRAM, a resistência limitada à escrita da NVRAM é um dos obstáculos à utilização de memórias não voláteis endereçáveis por bytes de alta densidade como memória principal.

Melhorar a resistência da NVRAM em arquitecturas incorporadas é fundamental devido às restrições limitadas em termos de dimensão, velocidade e pipelining da arquitetura. Além disso, a resistência da memória depende do número de ciclos de leitura/escrita e da localização de uma operação de escrita frequente.

Como já foi referido, os sistemas embebidos são orientados para as aplicações, com um padrão de acesso fixo à memória, uma vez que a maioria das escritas converge para um número mais reduzido de variáveis escalares. No entanto, este padrão de acesso conduz a operações de escrita em memória desequilibradas e reduz a duração da memória. Por conseguinte, surge a necessidade de adaptar os padrões de acesso inteligente para utilizar a memória e aumentar a sua resistência de forma eficaz.

CHAPTER 5

INSTRUÇÃO POR RELÓGIO CYLCE_DYNAMIC MODELO DE COMPRESSÃO DE PADRÕES

5.1   Necessidade de compressão

Nas tendências recentes, as tecnologias de memória não volátil (NVM), como a PCM endereçável por bytes e a ReRAM, superam as suas equivalentes voláteis em termos de densidade e consumo de energia. No entanto, a sua resistência à escrita é inferior à da DRAM, fazendo com que os dispositivos falhem em segundos. Consequentemente, se a NVM for utilizada como substituto da DRAM, as operações de escrita devem ser cuidadosamente monitorizadas. As estratégias de compressão são utilizadas para aumentar a resistência das NVM, reduzindo o número de bits de escrita. A compressão de dados é o processo de armazenamento de grandes volumes de informação num pequeno espaço. Se for utilizada uma compressão sem perdas numa cache on-chip, a cache poderá armazenar mais informações do que se as linhas da cache não estiverem comprimidas. Em suma, a memória comprimida tem a capacidade de combinar as vantagens de uma cache maior com a capacidade de uma cache reduzida no mesmo espaço. A utilização atual da compressão de dados nas hierarquias de memória modernas é limitada por dois factores significativos: (i) o impacto da compressão/descompressão na latência de acesso e (ii) a capacidade de suportar tamanhos de dados variados após a compressão.

Tal como referido no Capítulo 1, são propostas técnicas como Flip-N-Write (FNW), Frequent Pattern Compression (FPC) e técnicas de compressão híbridas para aumentar a resistência da NVM. No entanto, em alguns cenários, não é apresentada a solução para os dados que não correspondem aos padrões de palavras de elevada frequência e, além disso, estas técnicas não interessam à arquitetura.

É necessário um sistema sensível à carga de trabalho para implementar sistemas de compressão dinâmica eficientes em qualquer arquitetura incorporada. A categorização da carga de trabalho, juntamente com o sistema de compressão dinâmica e a programação inteligente dos padrões, pode ser conseguida, o que, por sua vez, aumenta a resistência das memórias.

5.2   Desafios dos modelos de compressão existentes

- Técnica de compressão não inteligente sem considerar quaisquer cargas de trabalho.

- A maioria dos métodos de compressão existentes considerou o padrão estático, que carece de flexibilidade e fiabilidade

- As técnicas de compressão existentes apresentam inconvenientes, como o tratamento de cargas de trabalho heterogéneas e o não escalonamento da arquitetura incorporada.

5.3   Objetivo do modelo

O principal objetivo deste modelo é minimizar o número de ciclos de escrita e melhorar o tempo de vida das NVRAMs com um consumo mínimo de energia.

- O modelo de compressão dinâmica de padrões baseada em instruções por ciclo (IPC_DPC) é uma nova técnica de compressão proposta que efectua a compressão com base nas características IPC e nos valores do contador comparados com o valor limite em tempo de execução.

- Com base nos IPCs, as cargas de trabalho de entrada são segregadas em dois grupos distintos: Cargas de trabalho de baixo IPC e cargas de trabalho de alto IPC com base na técnica de limiar para comprimir os dados de memória de grande dimensão.

- É mantida uma tabela de padrões com padrões estáticos e dinâmicos. O algoritmo Dynamic Pattern Extraction Algorithm (DPEA) é desenvolvido para gerar os padrões dinâmicos em tempo de execução. O modelo de compressão baseado em IPC é desenvolvido com dois clusters denominados Low IPC Workloads e High IPC Workloads. As cargas de trabalho de baixo IPC são comprimidas utilizando padrões estáticos e as cargas de trabalho de elevado IPC são comprimidas utilizando padrões dinâmicos.

- O modelo proposto IPC_DPC é implementado usando o GEM5 com NVRAM e avaliado usando os conjuntos de benchmark embebidos IoMT, Mibench e EEMBC. Os resultados demonstram que o modelo IPC_DPC proposto alcança melhores resultados quando comparado com o estado da arte.

Aleksandar *et al.* (2003) desenvolveram a compressão de traços baseada em fluxo (SBC), que visava os bits de instrução da carga de trabalho para melhorar a latência e o tempo de vida das NVRAMs. Ao ligar os destinos das instruções e dos dados a um fluxo de instruções específico, ou a um bloco de instruções executadas sequencialmente, a abordagem SBC reduz tanto as instruções como os endereços dos dados. O traço de execução truncado é uma lista de rótulos para fluxos de instruções. O traço de endereço de vídeo comprimido inclui o stride de endereço de dados e o número de repetições para cada instrução de referência RAM num fluxo, ordenado pelas aparências do fluxo do traço.

Do mesmo modo, várias abordagens visaram o fluxo de instruções para otimizar a taxa de compressão/descompressão e, simultaneamente, melhorar o tempo de vida (Cho *et al.* 2009; Jingfei Kong *et al.* 2010). O Data Comparison Write (DCW) tira partido da não-volatilidade das NVMs comparando os novos bits de escrita com os bits antigos para determinar quais os bits que foram modificados. Apenas os bits que foram alterados necessitam de uma operação de escrita. Para limitar a frequência de inversão de bits, a FNW compara os novos bits de escrita com os bits pré-existentes. Ao empregar apenas um bit de etiqueta por unidade de comparação, a FNW diminui o número de bits de escrita modificados em mais de metade. A compressão é um método apelativo para aumentar a capacidade de memória adequada de uma memória de grandes dimensões.

Estes métodos motivaram o desenvolvimento de um modelo de compressão baseado em instruções por ciclo IPC_DPC para NVRAMs.

5.4   Modelo IPC_DPC - Uma visão geral

O modelo IPC_DPC consiste em duas fases: (1) Formulação de IPC e (2) Técnica de Compressão. Primeiro, o trabalho apresentado inicializa o modelo de compressão estimando a métrica IPC da carga de trabalho dinamicamente e separa em dois grupos chamados de cargas de trabalho de baixo IPC e alto IPC de acordo com o intervalo de bits IPC. Depois, com base nos IPCs, os bits de etiqueta são incluídos na carga de trabalho como '1' para IPC elevado e '0' para IPC baixo. A Figura 5.1 ilustra a estrutura geral do modelo de compressão IPC_DPC.

Se um acesso de escrita for solicitado, o motor de amostragem recolhe amostras e analisa as cargas de trabalho de IPC baixo e IPC alto. O motor de amostragem gera então os padrões dinâmicos utilizando o algoritmo de extração em tempo de execução e armazena o padrão na tabela de padrões. O motor de compressão identifica as cargas de trabalho de IPC baixo e IPC elevado a partir dos bits de etiqueta das cargas de trabalho e, em seguida, comprime as cargas de trabalho de IPC baixo e IPC elevado através de padrões estáticos e dinâmicos, respetivamente. Os dados comprimidos são armazenados na NVRAM, juntamente com o bit de etiqueta compressível.

Se for solicitado um acesso de leitura, os dados comprimidos são descodificados pelo motor de descompressão após a análise dos bits de etiqueta. As operações do modelo IPC_DPC são explicadas em pormenor neste capítulo. A principal vantagem do modelo IPC_DPC é que é independente da arquitetura.

5.4.1   Formulação de instrução por ciclo (IPC)

O IPC é calculado determinando o número de instruções ao nível da máquina necessárias para executar um código e o número de ciclos de relógio necessários para executar essas instruções. Os ciclos de relógio são calculados utilizando um temporizador de alto desempenho da CPU. Finalmente, o IPC é definido como o rácio entre o número de instruções necessárias e o número de ciclos de relógio consumidos para executar um código. O IPC indica o desempenho do processador.

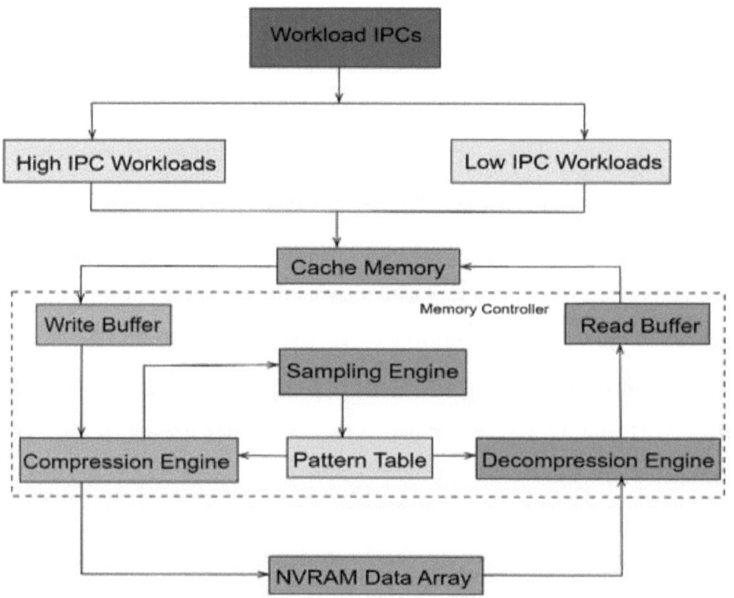

Figura 5.1 Estrutura básica do modelo IPC_DPC

O IPC é estimado com o inverso dos Ciclos por Instrução (CPI) para cada carga de trabalho utilizando a expressão matemática (5.2) (John Hennessy *et al.* 2017). Os IPCs de cada carga de trabalho são estimados de acordo com a formulação abaixo.

$$\text{Cycles per instruction} = \text{CPI} = \frac{\text{Clock cycles for a program}}{\text{Instruction count}}$$

(5.1)

$$IPC = \frac{1}{Cycle\ per\ instruction} \tag{5.2}$$

Os IPCs do código de referência incorporado são estimados em tempo de execução e separados em cargas de trabalho de IPC baixo e IPC alto com base no valor limite.

Os IPCs de limiar são calculados com base no consumo de energia de cada carga de trabalho de entrada. Baseia-se na arquitetura incorporada utilizada para a implementação das aplicações. Matematicamente, a energia é expressa como

$$T_H = \sum_{W=0}^{n-1}\{V(W) * I(W)\} * IPC(W) \tag{5.3}$$

aqui n é o número de subtarefas nas cargas de trabalho de entrada; $V(W)$ indica a tensão da CPU, e $I(W)$ indica a corrente consumida pela CPU; $IPC(W)$ denota a instrução por ciclo de uma carga de trabalho.

$$E_1 < T_H \leq E \tag{5.4}$$

aqui E_1 - energia mínima consumida pela CPU e E - a energia máxima consumida pela CPU.

5.4.2 Padrão dinâmico e estático s

O padrão determinado antecipadamente e que não pode ser alterado durante a execução é conhecido como padrão estático. O termo "padrão dinâmico" refere-se a um conjunto de padrões formados pela análise e interpretação das propriedades de distribuição dos valores de bits dos dados de entrada enquanto estes estão a ser processados. A partir do parâmetro de referência IoMT, olhando para a distribuição de caracteres zero da carga de trabalho "aes", obtém-se um padrão dinâmico "SSSSSS00", em que "S" é denotado como um carácter incompressível.

Ao contrário de outros padrões estáticos, este padrão ocupa até 45% das palavras, o que é mais do que a percentagem de outros padrões estáticos e sugere que poderão surgir padrões dinâmicos adicionais no futuro. Para aumentar a compressibilidade, a tabela de padrões é adicionada com os padrões dinâmicos. Neste trabalho, apenas as cargas de trabalho de IPC elevado são comprimidas com padrões dinâmicos (DP) e as cargas de trabalho de IPC baixo são comprimidas com padrões estáticos (SP).

Para várias aplicações, a adaptação das operações de compressão é facilitada pela utilização de padrões dinâmicos. Além disso, a estrutura predeterminada dos padrões de dados limita a sua escalabilidade na compressão.

5.4.3   Compressor baseado em IPC_DPC

O objetivo do esquema é analisar a distribuição de caracteres zero para extrair os padrões dinâmicos e comprimir mais dados utilizando padrões estáticos e dinâmicos. Uma técnica de escrita NVRAM bem adaptada é baseada em padrões dinâmicos. O controlador de memória implementa o esquema IPC_DPC, em que a linha de cache de 64 bytes é dividida em palavras de 16 a 32 bits para compressão com padrões comuns. Cada padrão de dados tem oito bits que descrevem o estado de oito caracteres de 4 bits (incompressível ou compressível). O esquema IPC_DPC tem três etapas para acessos de escrita: fase de amostragem, geração de padrão dinâmico e uma etapa de compressão de padrão duplo. O esquema IPC_DPC adopta um algoritmo de correspondência adequado para a compressão com padrões dinâmicos. Na conceção do esquema de compressão, é incluído um módulo denominado "motor de amostragem". O motor de amostragem consiste numa coleção de contadores para monitorizar a atribuição de caracteres zero e identificar padrões dinâmicos. O algoritmo DPEA analisa a carga de trabalho de entrada e gera o padrão dinâmico. Posteriormente, os padrões são armazenados na tabela de padrões pelo motor de amostragem.

a. Fase de amostragem

O procedimento de extração deve obter uma contagem de palavras significativa para criar um padrão dinâmico. A tabela de padrões tem alguns padrões estáticos para ajudar na compressão na fase de amostragem. Para efeitos de experimentação, são utilizados quatro padrões estáticos e um prefixo de 3 bits para reter um total de oito padrões de dados. Como resultado do rastreio, o número de padrões dinâmicos deve ser limitado a quatro. O compressor identifica o IPC das cargas de trabalho com base na etiqueta de prefixo adicionada ao quadro da carga de trabalho, como mostrado na Figura 5.2. Se uma palavra corresponder a um padrão na tabela de padrões, é comprimida durante o acesso de escrita e codificada com um prefixo. Como resultado, a etiqueta comprimida é formulada. Os bits de cada palavra são comparados com os bits existentes antes de serem escritos na linha de cache das NVRAMs. É utilizado um motor de amostragem para recolher as suas características mais recorrentes para teste. São utilizados dois conjuntos de contadores no motor de amostragem. Na fase de amostragem, um conjunto de contadores é utilizado para registar a quantidade de caracteres zero na linha de cache. Na fase de geração de padrões duplos, outro conjunto de contadores é utilizado para recolher os bits reduzidos dos padrões dinâmicos (as linhas de cache com caracteres totalmente nulos não são adicionadas). O número total de contagens é fixado em 128 (cada contador tem 64 bytes/4 bits). A operação de correspondência é utilizada para ler os valores de cada carácter e também suporta a amostragem para reduzir a sobrecarga adicional da amostragem.

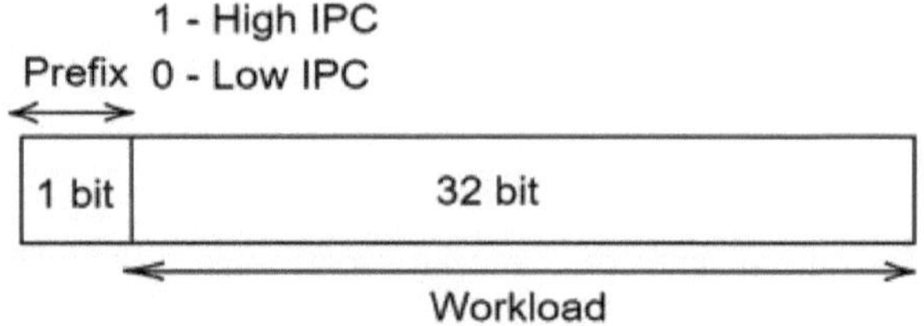

Figura 5.2 Quadro de carga de trabalho com prefixo

b. Geração de padrões dinâmicos

Os padrões dinâmicos são determinados pela avaliação da distribuição de caracteres zero quando a quantidade de amostragem ultrapassa a granularidade de amostragem N. Em alguns casos, a distribuição pode ser bastante complicada. Por conseguinte, neste trabalho, é concebido um algoritmo de extração de padrões dinâmicos (DPEA) simples e eficiente para analisar os contadores na fase de análise. Em primeiro lugar, o valor superior (HV) e o valor inferior (LV) são obtidos através da verificação dos contadores. Depois, o valor limite é

80

estimado a partir do HV e do LV dos contadores com base no resultado experimental. O resultado do algoritmo é uma matriz de padrões dinâmicos DP. A Figura 5.3 mostra o fluxograma do algoritmo de extração de padrões dinâmicos.

Os padrões dinâmicos são extraídos com base na comparação dos bits de dados e dos valores de limiar. O código do padrão é definido como "0" quando o valor da contagem é superior ou igual ao Estimated_Thv (limiar), indicando que se trata de um carácter compressível. Caso contrário, é atribuído o valor "1" ("S") como código de padrão. O programa extrai 16 padrões depois de verificar todos os contadores. Em alguns casos, os padrões extraídos, como "SSSSSSSS", são redundantes ou inúteis. Os padrões incompressíveis e repetitivos são seleccionados e depois filtrados pelo modelo IPC_DPC na fase de análise. Com base no padrão de dados, os dados são codificados por compressão com um prefixo antes de serem escritos na matriz de memória. Os padrões de dados consistem em oito caracteres de 4 bits.

O padrão dinâmico com um carácter "0" compressível poupa apenas um bit e resulta em baixa compressibilidade e longa latência durante o acesso de leitura. Os padrões dinâmicos com uma menor distribuição de caracteres "0", por exemplo, com três ou menos "0", resultam em baixa compressibilidade do que os padrões estáticos. O modelo IPC_DPC resolve estes problemas de compressibilidade, eliminando os dados com baixa compressibilidade (apenas um "0") na fase de análise para filtrar o padrão dinâmico. O número de prefixos utilizados neste modelo é limitado. O IPC_DPC selecciona os quatro melhores padrões extraídos com base na sua taxa de compressão para o utilizar eficazmente. Por fim, os quatro padrões dinâmicos restantes são incluídos na tabela de padrões e não serão alterados.

c. Estágio de compressão de padrão duplo

Nesta fase, o motor de compressão obtém padrões estáticos e padrões dinâmicos da tabela de padrões. O conteúdo de uma palavra é comprimido com base nos IPCs, em que a compressão estática é empregue nos IPCs baixos, enquanto a compressão dinâmica é aplicada nos IPCs altos, e é adicionada uma etiqueta compressível. Este formato combinado de compressão forma os padrões de compressão integrados com base nos IPCs, efectuados pelo motor de compressão.

d. Descompressão

Durante o acesso de leitura, o estado da etiqueta compressível determina se os dados estão comprimidos ou não. Por conseguinte, o motor de descompressão pode descodificar rapidamente a palavra depois de analisar as etiquetas de compressão. Em primeiro lugar, o motor de descompressão lê os primeiros 3 bits para obter o prefixo e garantir a compressão dos dados e, se estiverem comprimidos, o motor compara os dados comprimidos com um padrão da tabela de padrões e encontra o padrão correspondente. Como resultado, os dados comprimidos são descodificados pelo motor de descompressão e preenchidos com zero caracteres com base no padrão.

5.5 Despesas gerais no tempo e no espaço

A extração e a compressão de padrões são utilizadas na implementação do modelo IPC_DPC. No controlador de memória, a compressão tem um overhead de tempo de vários ciclos em média (Dgien *et al.* 2014). O tempo de acesso para compressão e descompressão é de 3 ciclos e 2 ciclos, respetivamente.

O DPEA percorre contadores com complexidade temporal de escala constante para extrair os padrões durante a fase de análise. Devido ao facto de a maioria dos programas ser executada durante algum tempo após o aquecimento, a extração de padrões demora muito pouco tempo e é insignificante. Os padrões estáticos são mantidos na tabela de padrões após a extração de padrões. Como resultado, as cargas de trabalho comprimidas de IPC baixo e IPC alto podem ser descomprimidas durante os acessos de leitura, utilizando o seu prefixo.

Tal como referido anteriormente, a linha de cache é actualizada para fornecer os bits de etiqueta. Para suportar a compressão IPC_DPC, cada palavra requer um bit de etiqueta adicional para indicar se a palavra está comprimida ou não. O IPC_DPC requer um conjunto de contadores para efetuar a amostragem, que ocupa apenas 128 (contadores) x 8 bytes (64 bits) = 1 KB e não tem qualquer sobrecarga de espaço adicional em tempo de execução.

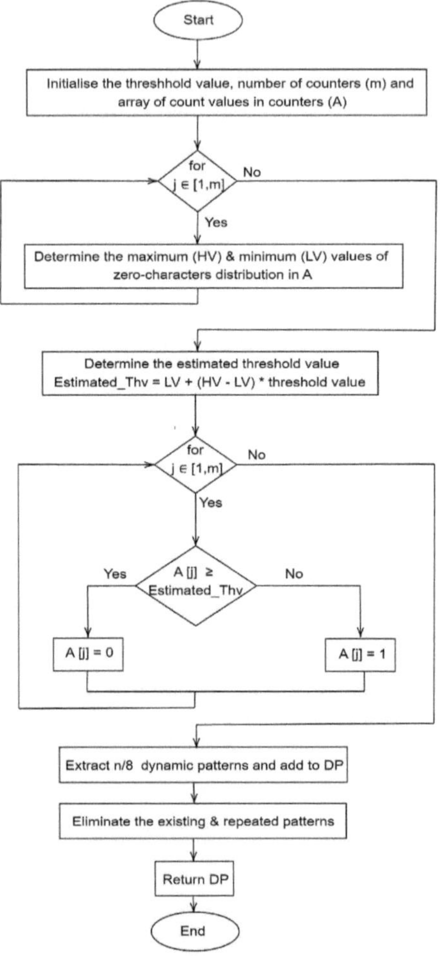

Figura 5.3 Fluxograma do algoritmo de extração de padrões dinâmicos (DPEA)

5.6   Descrição do conjunto de dados

Para esta investigação, são utilizados três conjuntos de referência diferentes, denominados Mibench, IoMT e EEMBC (Guthaus *et al.* 2001; Limaye *et al.* 2018), para registar os contadores de programas como base de dados. A principal razão para escolher essas cargas de trabalho é (i) alta intensidade computacional, (ii) threads baseadas em memória estão incluídas em cada carga de trabalho (iii) funções padrão executadas em um ambiente incorporado, (iv) operações ALU são executadas repetidamente para utilizar mais funções de memória.

5.6.1   Conjunto de dados Mibench

Guthaus *et al.* (2001) desenvolveram um conjunto de dados de cargas de trabalho incorporadas Mibench. Este benchmark inclui vários programas, como redes, segurança, automação de escritórios, controlo automóvel e industrial, dispositivos de consumo e telecomunicações (Guthaus *et al.* 2001). Esses programas contêm um grande número de threads de ramificação que devem ser executadas repetidamente para completar cada operação. Os detalhes de cada carga de trabalho são ilustrados na Tabela 5.1.

Tabela 5.1 Resumo dos programas de carga de trabalho do Mibench

Cargas de trabalho	Programas
Automóvel	basicmath, susan (cantos), qsort, susan (arestas) e susan (suavização)
Consumidor	tiff2bw, Jpeg, tiff2rgb, mad, tiffdither, tiffmedian, typest e lame
Telecomunicações	CRC32, FFT, IFFT, ADPCM (codificador e descodificador) e GSM (codificador e descodificador)

Escritório	Ghostscript, ispell, rsynth, sphinx e stringserach
Segurança	Blowfish (codificador, descodificador), pgp (assinar), pgp (verificar), rinjdael (codificador, descodificador) e sha
Rede	Códigos Dijstra, patricia, CRC32 e sha

5.6.2   Conjunto de dados IoMT

Uma referência de código aberto para a IoT médica é a Internet das Coisas Médicas (IoMT), que se concentra mais nas aplicações da IoT para os cuidados de saúde. Os programas do parâmetro de referência IoMT são: Advanced Encryption Standard, Variabilidade da frequência cardíaca, Transformada de Radon inversa de iradon, Estimativa de atividade física k-means Clustering, Compressão Lempel-Ziv-Welch, Deteção de QRS em ECG, Deteção de apneia do sono, Monitor de pressão arterial e Equalização de histograma. Estas cargas de trabalho são códigos de categorias mistas que contêm processamento de sinal, programas de processamento de imagem e threads baseados em sensores para executar cada função (Limaye *et al.* 2018).

5.6.3   Consórcio EEMBC

Este parâmetro de referência EEMBC reproduz uma aplicação automóvel/industrial incorporada em grande escala, na qual são manipuladas enormes quantidades de bits, são tomadas numerosas decisões com base em valores de bits e é efectuada aritmética de bits. As cargas de trabalho incluídas neste consórcio EEMBC são a conversão de ângulo em tempo, o código básico de conversão de int para float, o protocolo CAN, a manipulação de bits, a FFT, o filtro FIR, o filtro IFFT, a aritmética matricial, a perseguição de ponteiros, o PWM, a estimativa da velocidade rodoviária, a pesquisa de tabelas e a interpolação, bem como o programa de dente para faísca. Estes programas contêm múltiplos ramos, como os loops if, for e while no seu código. Uma descrição pormenorizada de cada programa é descrita por Poovey *et al.* (2009).

5.7 Recolha de dados e normalização

Esta investigação identificou as características únicas de cada aplicação de referência em termos de consumo de recursos, fluxo de dados e padrão de comunicação, que podem afetar o tempo de execução das tarefas. São utilizadas experiências exaustivas com conjuntos de dados simulados para caraterizar as aplicações. No momento da execução da tarefa, é efectuada uma análise da carga de trabalho sobre a utilização da CPU, o disco de memória e o consumo de entrada/saída da rede. As cargas de trabalho acima mencionadas são executadas repetidamente no kit Raspberry pi-3 para recolher várias características em termos de valores de contador de hardware e software. Por fim, o modelo IPC_DPC é simulado no simulador GEM-5 e examinado utilizando várias métricas.

5.7.1 Normalização do conjunto de dados usando Mín-Máx

A normalização é o processo de redução da variação dos atributos de um dado. Pode ser utilizada numa variedade de técnicas de classificação. Neste procedimento de pré-processamento de dados, os dados de origem são submetidos a uma matriz de transformação. Os valores mínimos e máximos dos dados são recuperados e cada valor é substituído usando a fórmula abaixo. A normalização Mín-Máx é utilizada neste trabalho de investigação. Neste método, o valor mais elevado é transformado em 1 e o valor mais baixo é transformado em zero. A formulação do modelo min-max é ilustrada pela equação seguinte (Akanbi *et al.* 2015)

$$\delta' = \frac{\delta - min_\rho}{max_\rho - min_\rho} \left(new_{\max_\rho} - new_{\min_\rho} \right) + (new_{min})$$

(5.5)

Em que ρ - representa os atributos das características da carga de trabalho

min_ρ e max_ρ - denota os valores mínimo e máximo do atributo de caraterística da carga de trabalho,

δ- representa o valor atual do elemento

δ' - representa o valor anterior da caraterística

new_{max_ρ} - new_{min_ρ} - indica os novos valores máximo e mínimo da tabela de características.

Com base na formulação min_max, o valor do contador de características de cada carga de trabalho é reorganizado na tabela de características. Cada carga de trabalho é executada num processador ARM cortex quad-core para recolher os valores do contador de desempenho como uma folha de cálculo independente no formato -csv. No total, mais de 60 valores de contador são observados para cada carga de trabalho e as características são completamente extraídas. As técnicas de normalização adoptadas consomem menos memória e valores de contador de crédito.

5.8   Resultados experimentais

O Raspberry Pi 3 Modelo B+ usa um SoC Broadcom BCM2837 com uma CPU ARM Cortex A53 de 1,2 GHz quad-core de 64 bits e uma GPU Broadcom VideoCore IV de 400 MHz. A CPU ARM Cortex tem caches separados de 512 MB de nível dois unificado e uma ranhura microSD para armazenamento expansível. Também possui uma porta Ethernet e suporta LAN sem fios 802.11n. A configuração de avaliação é instalada com o sistema operativo Ubuntu Mate 16.04 LTS (kernel Linux 4.4.38-v7+) no Pi 3. A Tabela 5.2 detalha a configuração experimental deste trabalho de investigação.

Tabela 5.2 Especificações de hardware

Valor limiar	Simulador	Taxa de frequência do relógio	Memórias cache	Programação	CPU incorporada
Mínimo de 10 ciclos	GEM5	600 MHz a 1,4 GHz	Cache de instruções e de dados com 512 MB	Micro python	ARM Cortex-53

5.8.1   Resultados e discussão

Para demonstrar a eficiência do IPC_DPC, a memória cache flash NAND é utilizada neste trabalho. Vários programas de três benchmarks diferentes (MiBench, IoMT, EEMBC) são dados como cargas de trabalho de entrada para o modelo. Os parâmetros como a percentagem de bits de escrita e a latência de escrita são utilizados para analisar o desempenho do modelo IPC_DPC. O IPC consumido por cada parâmetro de referência é calculado com base na equação matemática

(5.2) e é apresentado na Tabela 5.3. O modelo IPC_DPC é comparado com 3 modelos existentes distintos, FNW, FPC e BDI, com base nos parâmetros.

A Figura 5.4 ilustra a percentagem de bits de escrita para cargas de trabalho Mibench utilizando diferentes técnicas de compressão. O modelo IPC_DPC obteve uma melhor redução, quase 87% de bits de escrita reduzidos do que o modelo FNW tradicional para a carga de trabalho de escritório e 82% reduzidos para as cargas de trabalho de consumidor.

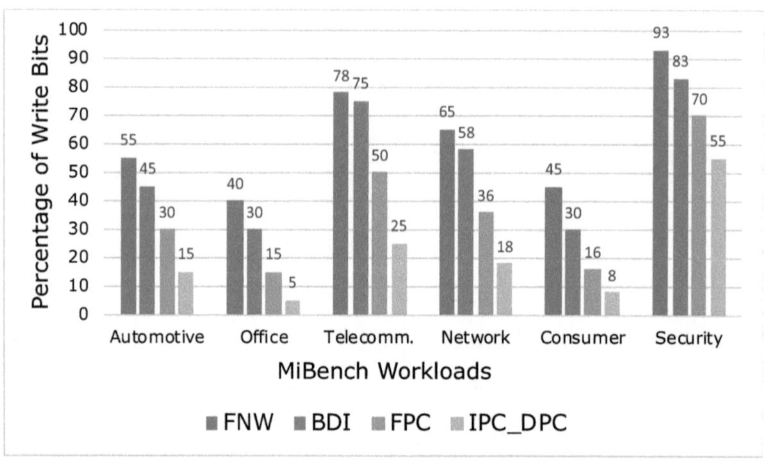

Figura 5.4 Percentagem de bits de escrita para cargas de trabalho MiBench

Tabela 5.3 IPC consumido por diferentes cargas de trabalho a uma frequência de relógio de 600 MHz

S.N.	Tipo de índices de referência	IPC consumido	Frequência de relógio utilizada	Arquitetura
1	**MiBench**			

			600MHz	Arquitetura Quad Core
	Automóvel	17		
	Escritório	09		
	Telecomunicações	19		
	Rede	21		
	Consumidor	45		
	Segurança	56		
2	**IoMT**			
	aes	45		
	histograma	19		
	k-means	47		
	sqrs	19		
	iradão	19		
	apdet	10		
3	**EEMBC**			
	FFT	19		
	IFT	28		
	IDCT	29		
	IIR	68		
	Matriz	89		
	PWM	12		

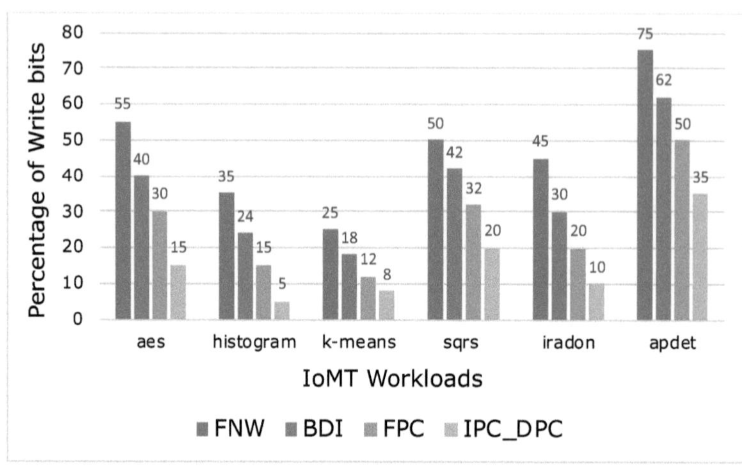

Figura 5.5 Percentagem de bits de escrita para cargas de trabalho IoMT

A Figura 5.5 ilustra a percentagem de bits de escrita para cargas de trabalho IoMT utilizando diferentes técnicas de compressão. O modelo IPC_DPC alcançou quase 85,71% de redução de bits de escrita para o histograma e 68% de redução para o código k-means do que o modelo FNW tradicional.

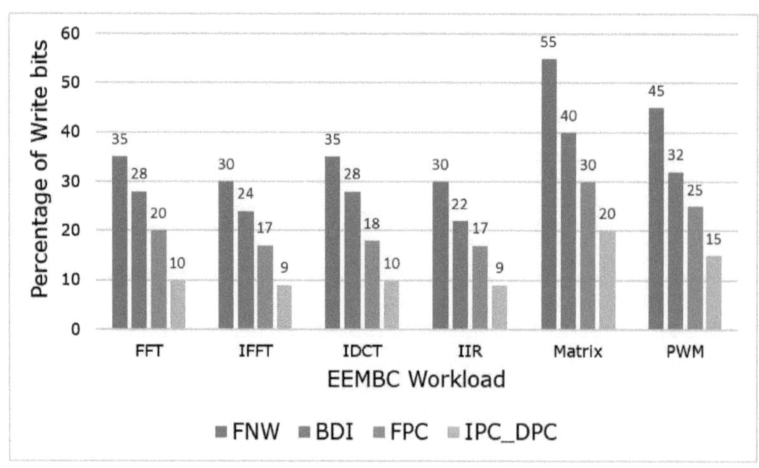

Figura 5.6 Percentagem de bits de escrita para cargas de trabalho EEMBC

A Figura 5.6 ilustra a percentagem de bits de escrita para as cargas de trabalho EEMBC. O modelo IPC_DPC obteve uma melhor redução de bits de escrita, com uma média de 68,8%, do que o modelo FNW tradicional.

A Figura 5.7 ilustra a latência de escrita de diferentes modelos de compressão para cargas de trabalho do Mibench. Cada carga de trabalho tem um nível diferente de latências devido aos seus caracteres comprimidos. O modelo IPC_DPC obteve a latência de escrita no intervalo de 0,1 µs a 0,65 µs. Para o código do consumidor, a latência de escrita do modelo IPC_DPC é reduzida em quase 86% em comparação com o FNW.

A Figura 5.8 ilustra a latência de escrita de diferentes modelos de compressão para cargas de trabalho IoMT. Cada carga de trabalho tem um nível diferente de latências devido aos seus caracteres comprimidos. Para o código k-means, o modelo IPC_DPC reduz a latência de escrita em quase 80% em relação ao modelo FNW tradicional.

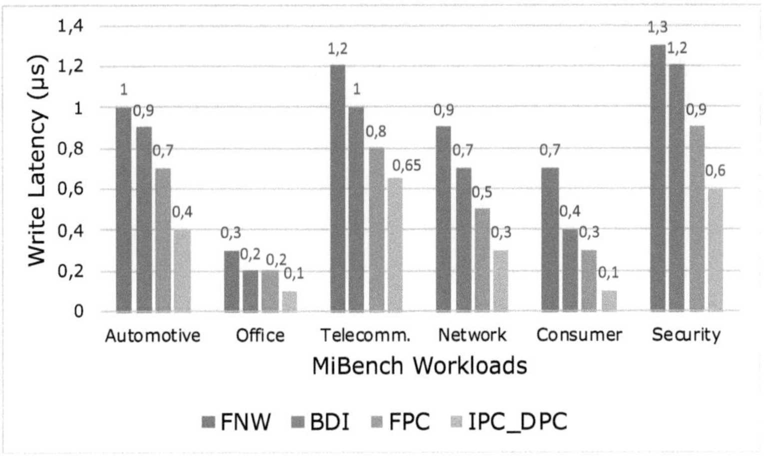

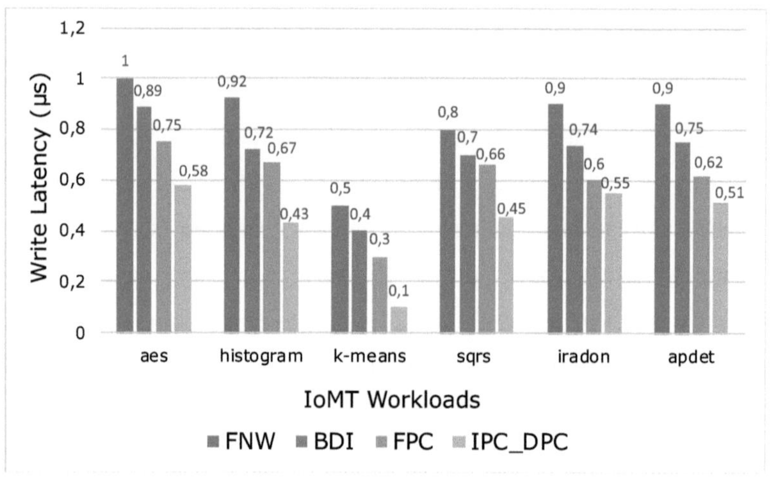

Figura 5.8 Latência de escrita de diferentes modelos de compressão para cargas de
trabalho IoMT

A Figura 5.9 ilustra a latência de escrita de diferentes modelos
de compressão, particularmente para cargas de trabalho EEMBC. Cada
carga de trabalho tem um nível diferente de latências devido aos seus
caracteres comprimidos. Para o código IFT, o modelo IPC_DPC obteve
uma redução da latência de escrita de 50% em relação ao modelo FNW
tradicional.

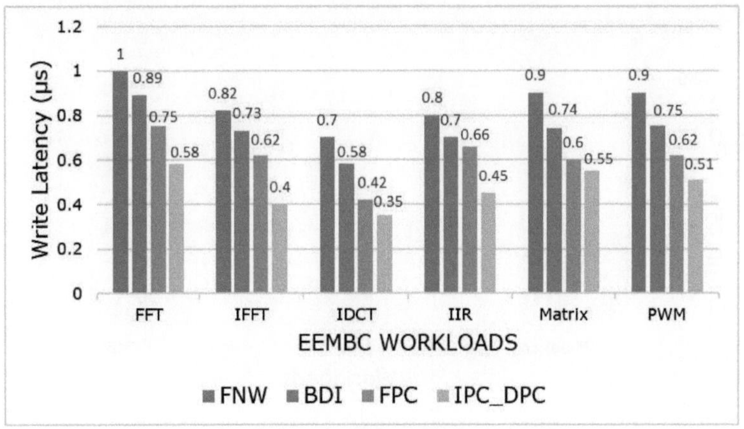

Figura 5.9 Latência de escrita de diferentes modelos de compressão para cargas de trabalho EEMBC

5.8.2   Análise do rácio de compressão

Para provar a excelência do modelo IPC_DPC, o rácio de compressão é calculado utilizando a expressão matemática,

$$Compression\ Ratio = \frac{Original\ Size}{Compressed\ bit\ size} \qquad (3.6)$$

A Figura 5.10 mostra o rácio de compressão observado durante a avaliação experimental das técnicas de compressão FNW, BDI, FPC e o modelo IPC_DPC. O desempenho indica claramente que o modelo IPC_DPC superou as técnicas padrão numa média de aproximadamente 70%.

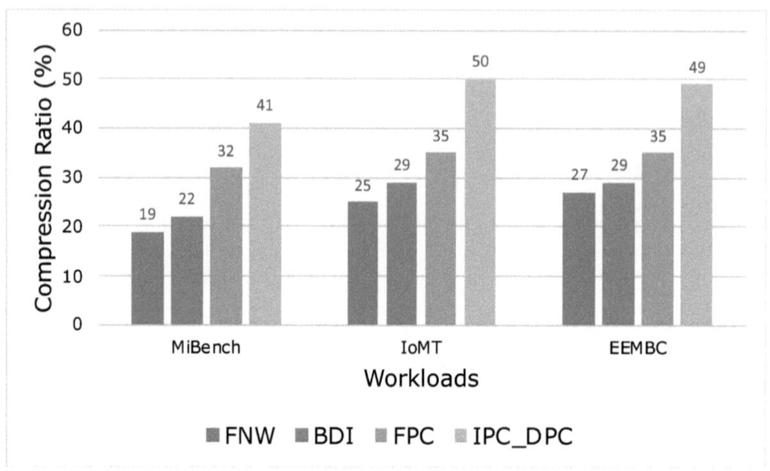

Figura 5.10 Rácio de compressão normalizado de diferentes modelos de compressão

5.8.3   Análise do consumo de energia

O consumo de energia do modelo é determinado através da Equação (5.3). A Figura 5.11 mostra o valor observado durante a avaliação experimental das técnicas de compressão FNW, BDI, FPC e o modelo IPC_DPC. A utilização de energia é minimizada em até 36% em comparação com o modelo FNW.

O trabalho de investigação tem como objetivo melhorar a resistência da NVRAM em dispositivos incorporados através da compressão do número de bits de escrita. Este objetivo é alcançado através do modelo IPC_DPC. O modelo considera o IPC uma métrica vital para separar as cargas de trabalho de entrada em cargas de trabalho com IPC elevado e baixo. O modelo IPC_DPC oferece uma solução melhor ao comprimir as cargas de trabalho de IPC elevado com padrões dinâmicos e as cargas de trabalho de IPC baixo com padrões estáticos. Os padrões dinâmicos são extraídos pelo algoritmo DPEA durante o tempo de execução.

O modelo IPC_DPC é implementado em hardware real, utilizando diferentes benchmarks incorporados como MiBench, IoMT e EEMBC como entrada, e comparado com os modelos existentes.

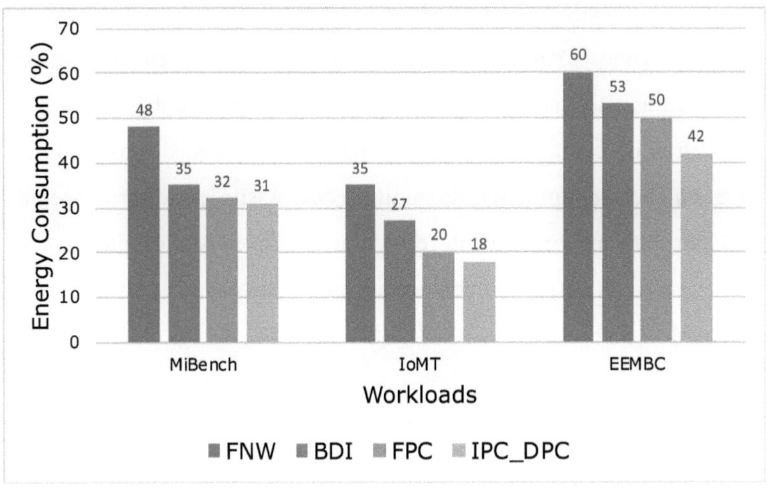

Figura 5.11 Consumo de energia de diferentes modelos de compressão

A percentagem de bits de escrita, a latência de escrita, a taxa de compressão e os parâmetros de consumo de energia são considerados para análise. Uma vez que o modelo IPC_DPC adopta o mecanismo de compressão adaptativa, que o distingue dos modelos de compressão estática adoptados nos outros modelos existentes, o modelo apresenta melhores resultados. A vantagem do modelo mostrou uma vantagem no desempenho em relação aos outros métodos em termos de taxa de compressão e consumo de energia. A partir dos resultados, verifica-se que o modelo IPC_DPC alcançou 70% de taxa de compressão e 25% de minimização de energia do que os modelos existentes (FPC, BDI e FNW).

CHAPTER 6

MELHORIA DA RESISTÊNCIA ATRAVÉS DA INTEGRAÇÃO DE UM MODELO HÍBRIDO DE IA E DE UMA TÉCNICA DE COMPRESSÃO

6.1 Motivação

No modelo anterior, o IPC_DPC utiliza apenas um parâmetro IPCs para conceber as técnicas de compressão, mas a entrada para as arquitecturas não depende apenas do IPC. Depende também de outros parâmetros da carga de trabalho, como a combinação de instruções, a memória cache e a previsão de ramificações. Assim, pode ser concebida uma estrutura mais inteligente e de elevado desempenho com base na caraterização da carga de trabalho que ajuda a melhorar a resistência da NVRAM

Neste capítulo, um algoritmo inteligente de caraterização de cargas de trabalho e uma técnica de compressão dinâmica são integrados para desenvolver um modelo híbrido para melhorar a resistência da memória. O modelo desenvolvido reduz os ciclos de escrita na NVRAM ao prever estatisticamente as características de execução da carga de trabalho utilizando um algoritmo ML híbrido.

6.2 Importância da caraterização da carga de trabalho

• Compreender as características internas dos sistemas de hardware em termos de velocidade de processamento, potência, energia, número de iterações, utilização da memória cache, etc., para melhorar o desempenho de todo o sistema (Hoste et al. 2007).

- Analisar o comportamento de funcionamento do hardware e do software dedicado a esse sistema

- Para compreender previamente os requisitos da aplicação

- Avaliar a experiência dos utilizadores em termos de qualidade de serviço e qualidade de fiabilidade, bem como outros parâmetros de desempenho

- Melhorar o tempo de vida do sistema através da utilização eficaz dos recursos com a contribuição de preditores de caraterização da carga de trabalho

- Desempenha um papel fundamental nos dispositivos portáteis para aumentar a sua vida útil

- São igualmente analisados os mecanismos de segurança, as recomendações e as estratégias de comercialização.

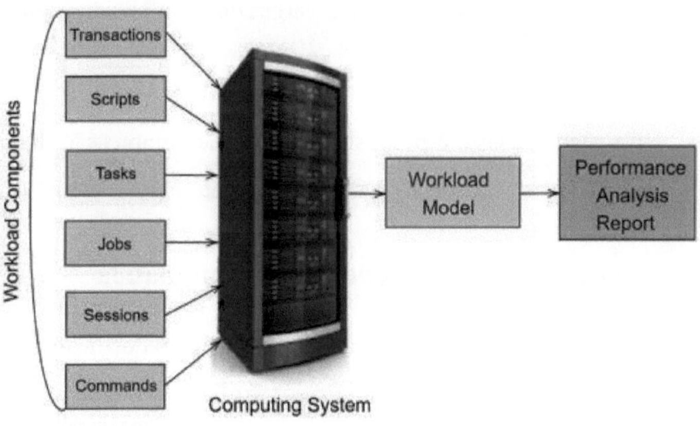

Figura 6.1 Componentes principais da caraterização da carga de trabalho

A Figura 6.1 ilustra a estrutura padrão das características de execução que é normalmente utilizada para a análise do desempenho. Do mesmo modo, as cargas de trabalho incorporadas são adoptadas para a caraterização da carga de trabalho.

6.3 Contribuição significativa

Neste capítulo, o modelo Workload Hybrid Energy Adaptive Learning (WHEAL) foi concebido para melhorar a resistência da NVRAM com base na integração da caraterização da carga de trabalho e do método de compressão dinâmica.

- Um novo modelo híbrido é implementado para a caraterização eficiente da carga de trabalho a ser integrada com a técnica de compressão.

- Na primeira fase, é introduzido um ELM optimizado para obter uma melhor categorização das cargas de trabalho adequadas para integração.

- Na segunda fase, é proposta a técnica de compressão dinâmica da carga de trabalho (DWC) para aumentar a resistência.

6.4 Visão geral da aprendizagem automática

Um sistema de computação treinado com dados históricos que automatiza o processo de execução sem ser explicitamente programado é designado por aprendizagem automática. A aprendizagem automática aumenta o rendimento e a eficiência do sistema onde quer que seja implementada. Em geral, os algoritmos de aprendizagem automática e de aprendizagem profunda são as subcategorias da Inteligência Artificial (IA). A principal caraterística do conceito de aprendizagem automática é o facto de poder realizar operações a partir da experiência. Em meados do século XIX, muitos cientistas empenharam-se na criação de inteligência em plataformas informáticas, transformando o comportamento biológico dos cérebros em abordagens estatísticas. O principal inconveniente da implementação destas redes de inteligência é a complexidade computacional, a complexidade espacial e a possibilidade de obtenção de dados. Angra et al. (2017) determinaram as dificuldades na realização de uma única tarefa de computação de ML. As redes neuronais dependem exclusivamente dos dados históricos ou das amostras de aprendizagem que lhes são transmitidas. As arquitecturas de computação não conseguiram satisfazer a tarefa do processo de aprendizagem no início do século XX. Os grandes volumes de dados e a elevada competência das CPU, GPU, FPGA e plataformas de aceleração específicas eliminam estes problemas no século XXI. Os algoritmos de aprendizagem automática de nível inferior são executados através de processadores computacionais, melhorando o desempenho e a precisão. Os veículos inteligentes, a visão computacional, os cuidados de saúde, as comunicações 5G, a indústria 4.o, os grandes dados, a extração de dados, a IoT e as aplicações de visão incorporada estão a utilizar conceitos de aprendizagem automática para automatizar o sistema em tempo real com menos falhas (Kumar et al. 2020). A aprendizagem automática desempenha um papel vital na catalogação e regressão de problemas. Existem quatro sub-módulos principais no âmbito da aprendizagem automática descritos abaixo com algumas estruturas. Os módulos de aprendizagem rotulada, não rotulada, semi-rotulada e de reforço são as principais categorias dos procedimentos de aprendizagem automática e profunda. Cada modelo tem as suas próprias vantagens e observações nas aplicações práticas.

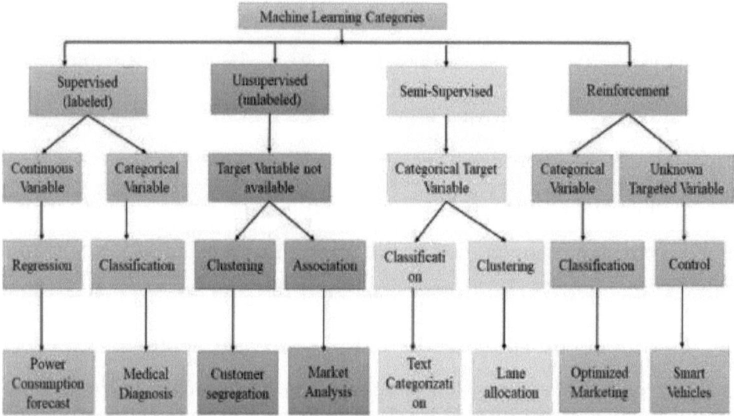

Figura 6.2 Taxonomia dos modelos de ML com a sua utilização

A aprendizagem automática é uma ciência computacional que é utilizada para analisar, prever e melhorar a resistência da memória. Os dados de entrada para o algoritmo de aprendizagem automática prever o resultado são dados históricos. A Figura 6.2 apresenta a taxonomia dos modelos de aprendizagem automática, juntamente com os seus diferentes métodos, como estatística, modelação e aplicações. Este trabalho utiliza modelos supervisionados para melhorar a resistência da NVRAM através da previsão.

6.5 Sub-categorias de aprendizagem automática

A representação acima ilustra claramente as classes ML com exemplos padrão. Na secção seguinte, é descrita a estrutura de funcionamento destes modelos.

6.5.1   Modelo supervisionado (rotulado)

Qualquer resultado previsto que dependa dos dados de entrada com as suas variáveis dependentes rotuladas é abrangido pelo modelo supervisionado (Chitralekha et al. 2021). A maioria das aplicações típicas utiliza este modelo rotulado para obter a melhor precisão com perdas mínimas. A limitação do modelo de aprendizagem supervisionada reside no facto de exigir um grande número de amostras de entrada para treinar o algoritmo, o que cria dificuldades de armazenamento, complexidade de tempo, etc. Este modelo inclui muitas variáveis dependentes que são pré-processadas antes de treinar a rede para otimizar toda a rede. Os melhores algoritmos supervisionados são o SVM, a Árvore de Decisão, os Algoritmos de Regressão e a Floresta Aleatória. A Figura 6.3 ilustra o modelo de fluxo de trabalho da técnica rotulada. Inicialmente, a rede recebe os dados de entrada brutos com um número 'N' de linhas e colunas que têm de ser optimizados na fase de pré-processamento utilizando algoritmos de otimização da dimensionalidade, como o PCA, algoritmos escalares Min-Max, etc., que são decididos pelo supervisor (ou seja, o utilizador) durante a fase de formação. Em seguida, a rede é preparada com variáveis dependentes optimizadas durante a fase de processamento. Finalmente, o vetor de saída previsto (pontuação) é obtido sob a forma de precisão, função de perda, métricas de tempo decorrido, etc.

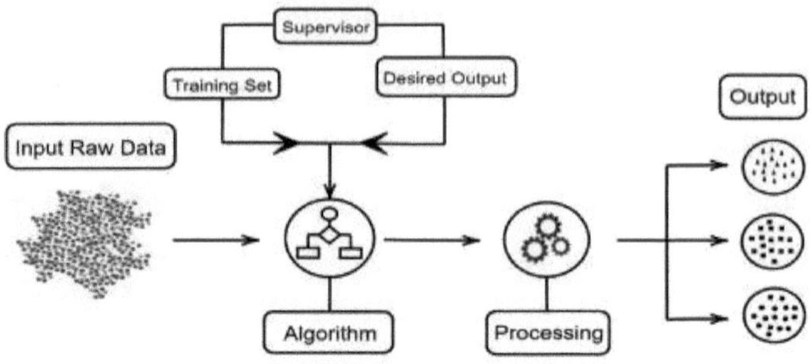

Figura 6.3 Fluxo de trabalho do modelo de exemplar supervisionado

6.5.2   Modelo não supervisionado (não etiquetado)

O objetivo do modelo de aprendizagem não supervisionada é demonstrar a estrutura fundamental ou a disseminação nos dados para memorizar mais informações. Os algoritmos de aprendizagem profunda inserem-se sobretudo nesta categoria, que não requer qualquer processo de formação. A rede neural desenvolvida encontra o seu próprio padrão ou estrutura a partir de dados de entrada brutos e encontra a saída pretendida, sendo esta técnica designada por técnica de aprendizagem não rotulada. A Rede Neuronal Profunda (DNN) e a Rede Neuronal Convolucional (CNN) são os melhores exemplos de aprendizagem não supervisionada. As limitações desta categoria são a elevada complexidade temporal e o desconhecimento de processos ou padrões internos. A Figura 6.4 ilustra o procedimento de funcionamento do modelo de aprendizagem não rotulado. O agrupamento e a associação são as duas subcategorias importantes das redes neuronais não rotuladas. As características são extraídas automaticamente em técnicas de aprendizagem não rotuladas, o que reduz o processo computacional e obtém melhores resultados para grandes conjuntos de dados (Amruthnath et al. 2018).

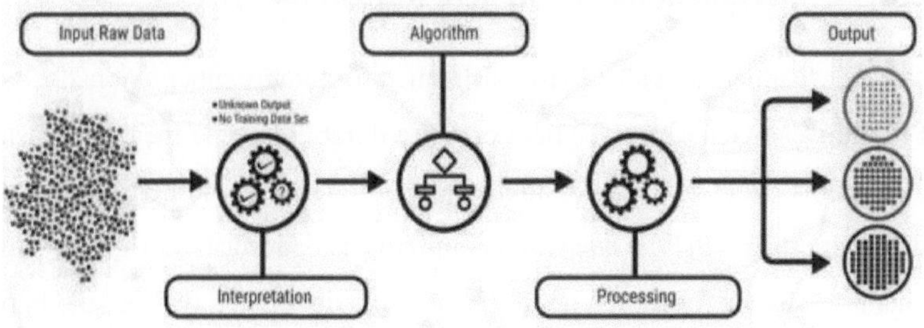

Figura 6.4 Fluxo de trabalho do exemplo de aprendizagem não supervisionada

6.5.3   Modelo de reforço

O modelo de reforço é também conhecido como "rede neural de recompensa" em comparação com outros modelos. A aprendizagem por reforço envolve dois parâmetros importantes, como o agente e a ação. Um agente é uma pessoa que toma as decisões correctas em qualquer situação para maximizar a eficiência do sistema. O agente joga um jogo de tentativa e erro para compensar melhor cada movimento em comparação com a recompensa. O desempenho do modelo é avaliado com base nas recompensas recebidas durante o tempo de execução. A Figura 6.5 mostra o modelo de reforço.

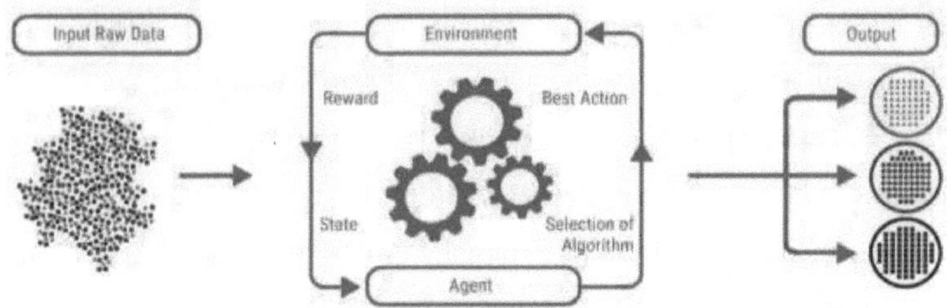

Figura 6.5 Fluxo de trabalho da aprendizagem por reforço

6.6   Melhoria da resistência utilizando Ml

Damien Hogan (2013) utilizou um método supervisionado de Programação Genética (GP) para prever a durabilidade da memória flash 2D Multi-Level Cell (MLC), analisando a diferença no número de ciclos de Program-Erase (P/E) que resulta em erros de dados não corrigíveis. No entanto, quando o limite de decisão é fixado em 35.000, o modelo proposto pelo GP obteve uma precisão de previsão de apenas 83,5% no conjunto de teste. Além disso, a taxa de erro de código de palavra (CWER), a programação e o comprimento de apagamento na memória flash MLC são todos afectados pelo número da linha de palavra (WL), pelo tipo de página e pela paridade da página, de acordo com dados experimentais extensivos conduzidos por Fitzgerald et al. (2021).

Ruixiang Ma et al. (2019) argumentaram que as mudanças no ambiente de uso da memória flash fizeram com que o modelo preditivo perdesse sua validade, portanto, mudanças graduais nos parâmetros de resistência foram empregadas para atualizar o modelo preditivo para reagir às mudanças de parâmetros em diferentes estágios de resistência. No entanto, a complexidade do hardware e os limites de aplicação da utilização dos mesmos dados prévios da memória flash para estimar a resistência subsequente não são considerados nesta técnica. Zhang et al. (2021) utilizaram o modelo supervisionado da máquina de vetor de suporte para prever a resistência da NVRAM. As técnicas de aprendizagem automática podem ser utilizadas para melhorar as tácticas de nivelamento do desgaste e alertar para blocos de memória defeituosos, o que é fundamental para prolongar eficazmente o tempo de vida dos dispositivos de memória flash NAND e evitar grandes perdas causadas por falhas abruptas. O método SVM apresenta uma técnica de previsão de resistência multi-classe que pode estimar o nível de ciclo P/E restante e o nível de erro de bit bruto após vários ciclos P/E. Os elementos básicos do modelo são determinados através da análise de características com base em dados de resistência. Várias tácticas de otimização baseadas em características de erro, como a extração de características numéricas, estão fortemente ligadas à resistência e à diminuição da interferência do ruído de falha transitório através de operações repetidas a curto prazo. É construído um módulo de pré-processamento de características baseado no microprocessador ZYNQ-7030, para além de uma plataforma de teste de flash em paralelo elevado que suporta vários protocolos. No entanto, poucos investigadores começaram a adotar os algoritmos de aprendizagem para a otimização da NVRAM como classificadores ou preditores para obter uma melhor fiabilidade, aumento do tempo de vida e otimização da energia.

6.7   Classificadores ML Descrição

Esta secção detalha cinco algoritmos de aprendizagem de categorização diferentes utilizados para caraterizar as cargas de trabalho de entrada com o procedimento de trabalho. Tal como referido no capítulo 5, são utilizados neste trabalho como cargas de trabalho de entrada os mesmos benchmarks incorporados: IoMT, MiBench e EEMBC.

6.7.1 Máquina de vetor de suporte (SVM)

O classificador Support Vetor Machine é utilizado para problemas de catalogação não lineares criados por Boser et al. (1992). As principais palavras-chave do SVM são kernel, hiperplano, margem e pontos de dados. O SVM é melhor do que a regressão linear em termos de encontrar os vectores de apoio mais próximos no hiperplano. Isto leva à obtenção do melhor valor mínimo global no espaço de pesquisa. São aplicados diversos kernels, tais como funções lineares, radiais e polinomiais, para reduzir a dimensionalidade dos dados brutos de entrada no SVM (ou seja, enquadra o padrão ou a estrutura dos dados de entrada). O modelo SVM baseado em kernel é muito utilizado para obter um erro zero ou resultados de catalogação mais exactos em tempo real. O procedimento de trabalho do SVM é geralmente utilizado para categorizar a entrada bruta em diferentes clusters utilizando o hiperplano e as margens. São utilizadas várias funções de ativação para treinar a rede com base nos requisitos das aplicações. A equação matemática de base é a seguinte

$$\rho^T * X_i + \delta = 0 \tag{6.1}$$

aqui, ρ é o valor do peso e δ o valor do desvio com a soma das características de entrada denotada por 'X_i'.

Esta técnica SVM é modificada e reforçada com outros algoritmos de IA, a fim de melhorar o desempenho dos requisitos de resultados da aplicação. A Figura 6.6 ilustra a técnica de classificação SVM com duas classes de dados diferentes e classificação multi-classe.

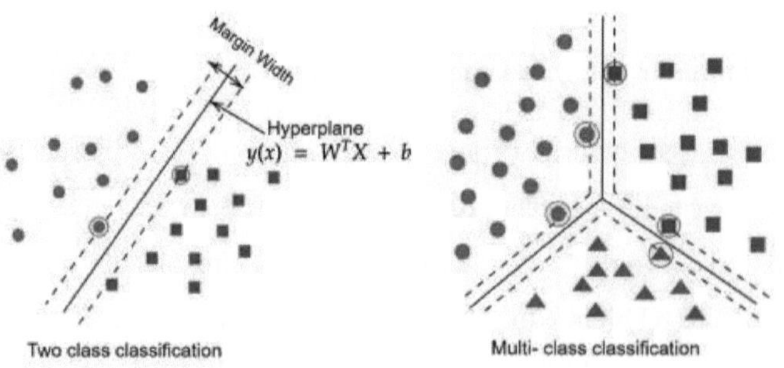

Para a caraterização da carga de trabalho neste trabalho de investigação, o kernel SVM linear é implementado para classificar as cargas de trabalho de entrada. Uma vez que o kernel SVM linear não requer quaisquer hiperparâmetros ajustados para a formação, a experimentação é efectuada sem os hiperparâmetros. O classificador SVM categoriza as cargas de trabalho de entrada como multi-classe: Cargas de trabalho muito pesadas, pesadas, médias e normais.

6.7.2 Árvore de decisão (DT)

Outro modelo de aprendizagem supervisionada é a árvore de decisão, que é normalmente utilizada para problemas de classificação e regressão. A TD é um modelo não paramétrico que difere do algoritmo SVM. O nó pai com diferentes nós filhos (ou seja, ramos) enquadra a estrutura da TD, que é mais adequada para a análise empresarial e de gestão de riscos. A principal limitação da DT é a complexidade temporal, que é muito elevada em comparação com as fases de preparação e teste de outros algoritmos de ML (Pedretti et al. 2021). A Figura 6.7 apresenta a estrutura do modelo de árvore de decisão.

Os registos nas árvores de decisão são constituídos por vectores de atributos, que têm uma coleção de atributos de classificação que descrevem o vetor e um atributo de classe que mapeia as entradas de carga de trabalho para muito pesado, pesado, médio e normal. Uma árvore de decisão é construída dividindo repetidamente as cargas de trabalho para o atributo que melhor divide os dados nas várias subclasses até ser cumprido um requisito de paragem. As árvores de decisão podem ser facilmente apresentadas num formato estruturado em árvore que seja fácil de compreender, pelo que a forma de apresentação dá aos consumidores um resumo rápido dos dados. O nó raiz da DT está ligado aos nós pai e filho, que são designados por folhas.

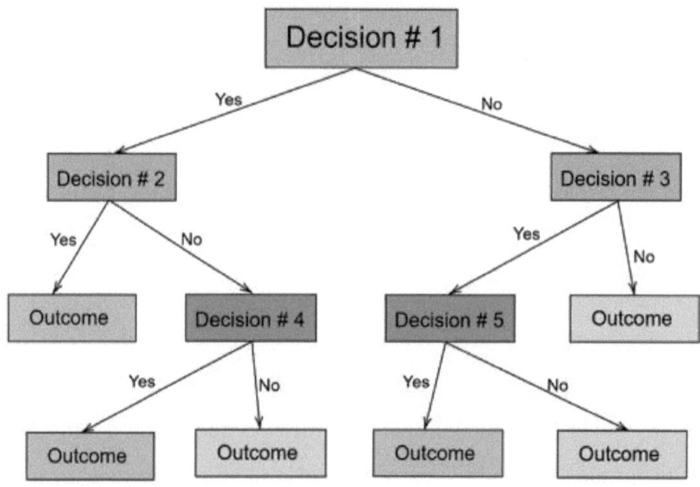

Figura 6.7 Estrutura de classificação de amostras de árvores de decisão

Neste trabalho de investigação, a profundidade da TD é considerada como o quatro para a caraterização efectiva das cargas de trabalho de entrada.

6.7.3 K-Nearest Neighbor (KNN)

O K-Nearest Neighbor é um modelo de aprendizagem supervisionado não paramétrico utilizado para problemas de classificação e regressão (Altman 1992). O objetivo do algoritmo KNN é prever a categorização de um novo valor aleatório utilizando um repositório com pontos de dados divididos em vários grupos. Para as suas classes vizinhas, é classificado por "VOTOS MAJORITÁRIOS", atribuídos à classe mais comum entre os seus K vizinhos mais próximos (com base na "distância" dos dados). A Figura 6.8 ilustra o exemplo de gráfico de categorização. O K é igual a 5 para a caraterização da carga de trabalho neste capítulo.

KNN-Pseudocódigo:

- Inicialmente, os "K" vizinhos são definidos pelo utilizador com base no número de classes
- Estimar a distância entre o ponto inicial e outros pontos de treino
- O processo de ordenação é iniciado com a distância do ponto de partida e calcula os vizinhos mais próximos com base na distância mínima K
- Reunir a categoria Z dos vizinhos mais próximos
- Como valor de previsão do ponto inicial, estamos a utilizar a supermaioria dos grupos dos vizinhos imediatos.

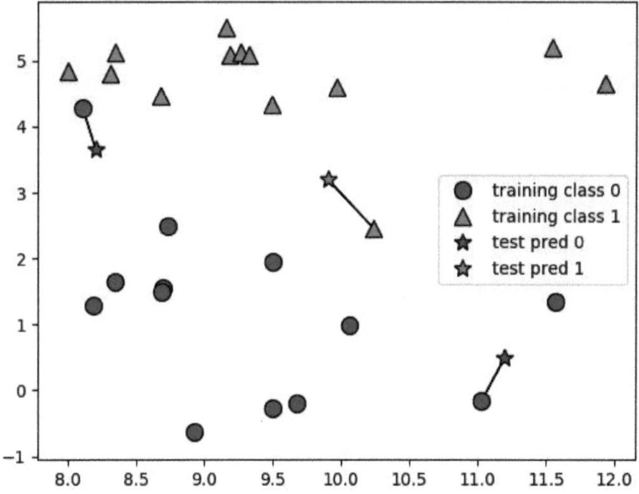

111

6.7.4 Rede Neural Artificial (RNA)

Uma Rede Neuronal Artificial (RNA) é um paradigma computacional inspirado no cérebro. As RNA são como os humanos, aprendem fazendo. Através de um processo de aprendizagem, a RNA é ajustada para uma função específica, como o pensamento analítico ou a extração de informação. As melhorias nas ligações sinápticas entre os neurónios são uma parte importante da aprendizagem (Zhang 2000).

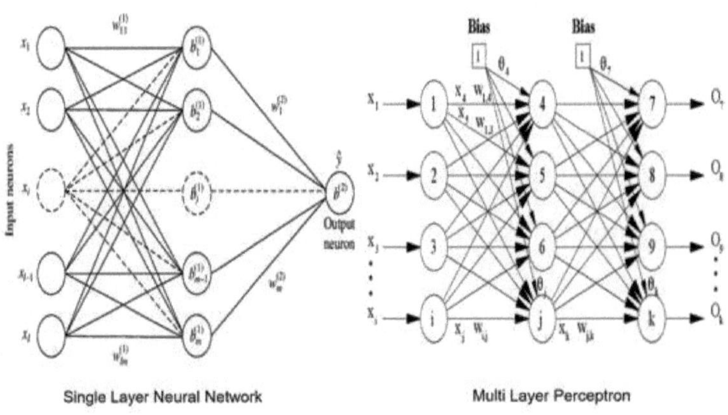

Figura 6.9 Rede Neuronal de Camada Única e Perceptron de Múltiplas Camadas

A Figura 6.9 ilustra a Rede Neural de Camada Única (SLNN) e o Perceptron de Múltiplas Camadas (MLP) com pesos e valores de polarização. Uma rede neural fixa é o tipo básico de rede neural, com apenas uma camada de nós de entrada enviando entradas ponderadas para uma camada posterior de nós receptores ou, em determinadas situações, para apenas um nó recetor. Este conceito de camada única serviu de base a sistemas que se tornaram significativamente mais complicados. A arquitetura de camada única é utilizada para identificar a melhor solução para problemas de regressão e classificação. A camada única inclui as características da carga de trabalho como entradas que são treinadas com pesos aleatórios e valores de polarização que são gerados pelo algoritmo Back Propagation (BP). A mesma rede de camada única é modificada com muitas camadas como entradas e pesos, designada por Multi-Layer Perceptron (MLP), que é utilizada como ANN-2 neste trabalho. O número de camadas ocultas é aumentado para melhorar o problema da categorização. Neste caso, a ANN-1 é utilizada como SLNN e a ANN-2 como rede MLP para categorizar eficazmente as cargas de trabalho. Nesta abordagem, a combinação de instruções, as dimensões da cache, a utilização de registos e a previsão de ramificações são consideradas como camadas de entrada, enquanto a categorização das cargas de trabalho é considerada como camadas de saída. A Tabela 6.1 apresenta os hiperparâmetros da ANN-1 e ANN-2 utilizados no trabalho de investigação.

Tabela 6.1 Hiperparâmetros ANN-1 e ANN-2

S.N.	Parâmetros	ANN-2	ANN-1
1.	N.º de camadas ocultas	4	1
2.	N.º de. Épocas	200	100
3.	Função de ativação	Sigmoide	Sigmoide
4.	Taxa de aprendizagem	0.01	0.01

6.7.5 Naive Bayes (NB)

Os classificadores Naive Bayes utilizam o teorema de Bayes e pertencem a uma família de classificadores de probabilidade (Yang 2018).

A razão para o seu nome "ingénuo" é que requer a suposição de independência estrita entre as variáveis de entrada. Por conseguinte, é preferível chamar-lhe Bayes simples ou Bayes independente. Este algoritmo tem sido amplamente estudado desde a década de 1960. O classificador Naive Bayes é uma das formas comuns de resolver a categorização de texto, a deteção de spam e outros problemas que determinam se um documento está numa determinada categoria. A Figura 6.10 ilustra o modelo do algoritmo NB para os problemas de caraterização de carga de trabalho. Neste trabalho, o algoritmo Gaussian Naive Bayes é usado para a caraterização da carga de trabalho de entrada.

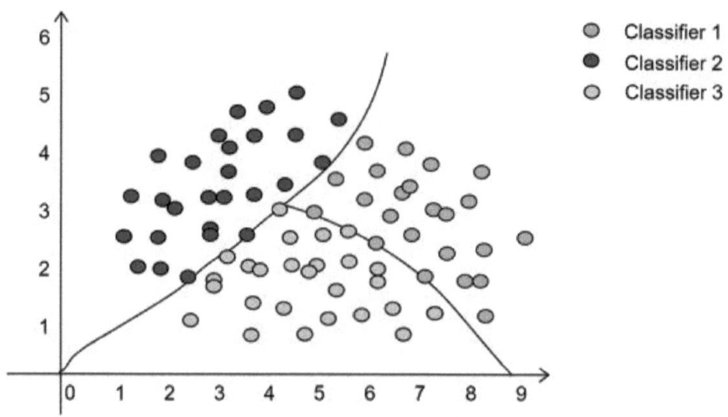

Figura 6.10 NB para classificação multi-classe

O principal objetivo do algoritmo NB é classificar a saída com base na probabilidade condicional, tal como calculada a seguir

$$B(G_k \mid Y) = \frac{B(G_k)B(Y|G_k)}{B(Y)}$$

(6.2)

$B(G_k \mid Y)$ *denotes the joint probability.*

Os algoritmos de aprendizagem automática (SVM, DT, NB, KNN, ANN-1 e ANN-2) podem ser utilizados para a caraterização da carga de trabalho. O SVM apresentado supera os outros algoritmos de ML na categorização de cargas de trabalho Muito pesadas, Pesadas, Médias e Normais. A classificação das cargas de trabalho é a parte principal do trabalho de investigação no desenvolvimento de um modelo inteligente para melhorar a resistência da memória. Embora o SVM dê melhores resultados, é necessário improvisar em termos de precisão. Além disso, os trabalhos anteriores efectuados por outros investigadores não se centram na integração do ML com a técnica de compressão para melhorar a resistência da NVRAM. Esta questão motivou a proposta de um modelo híbrido.

6.8 Aprendizagem adaptativa de energia híbrida de carga de trabalho (WHEAL) - Modelo

Tal como referido anteriormente, o modelo WHEAL é a integração de um algoritmo inteligente de aprendizagem automática para a caraterização da carga de trabalho e de uma técnica de compressão dinâmica para reduzir os ciclos de escrita.

Embora o algoritmo SVM dê os melhores resultados para classificar as cargas de trabalho, a precisão do algoritmo precisa de ser melhorada. Para obter melhores resultados na classificação, o modelo WHEAL utiliza o algoritmo Extreme Learning Machine (ELM). O ELM tem um tempo de aprendizagem mais curto e uma precisão elevada.

O peso de entrada entre a camada de entrada e a camada oculta é aleatório, o que afecta a precisão do algoritmo. Para resolver este problema, o ELM optimizado por baleia é utilizado neste trabalho. O algoritmo ELM optimizado por baleia classifica as cargas de trabalho de entrada em 4 classes: muito pesadas, pesadas, médias e normais. As cargas de trabalho classificadas são então comprimidas usando a técnica Dynamic Workload Compression (DWC).

Na técnica DWC, as cargas de trabalho muito pesadas são comprimidas utilizando o padrão dinâmico, que é gerado em tempo de execução pelo algoritmo DPEA utilizado no capítulo 5, e as outras cargas de trabalho (pesadas, médias e normais) são comprimidas utilizando padrões estáticos. A novidade do modelo é o facto de ter sido concebido com dois motores de compressão, em que a compressão paralela terá lugar para acelerar a operação de compressão. Em seguida, os bits comprimidos são armazenados na NVRAM. O DWC reduz o número de bits de escrita a armazenar na memória. Além disso, a RAM é utilizada para armazenar os novos algoritmos de aprendizagem ligeira que categorizam as cargas de trabalho.

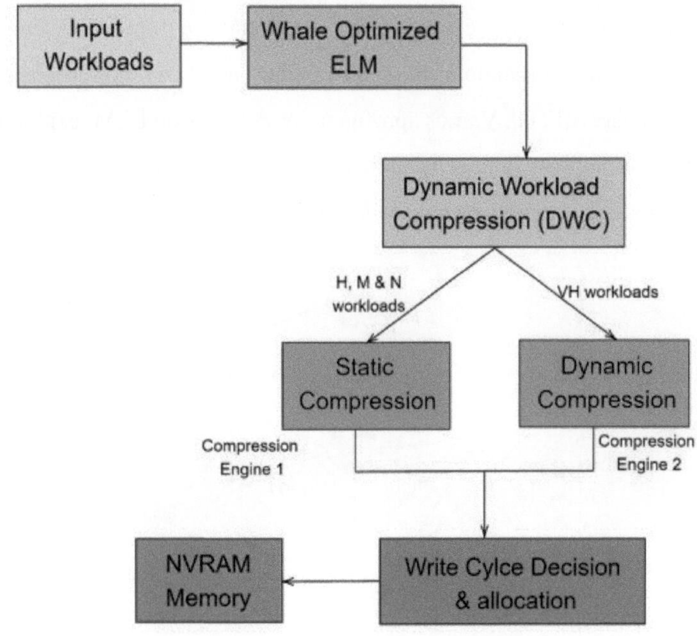

Figura 6.11 Visão geral do modelo WHEAL

O modelo WHEAL com ELM e DWC optimizados para baleias reduz o número de bits de escrita, os ciclos de escrita e a latência de escrita para aumentar a resistência da NVRAM. A Figura 6.11 mostra o modelo WHEAL para aumentar a resistência da NVRAM. As cargas de trabalho são caracterizadas e alimentadas em diferentes modelos de aprendizagem.

6.9 Algoritmo de máquina de aprendizagem extrema

A Máquina de Aprendizagem Extrema (ELM) é uma técnica de aprendizagem automática de vanguarda que ganhou uma atenção significativa nos últimos anos pela sua simplicidade, eficiência e desempenho notável numa vasta gama de aplicações. Sendo um algoritmo

117

de aprendizagem inovador, a ELM oferece uma abordagem única para resolver tarefas de classificação, regressão e aprendizagem de características, tornando-a uma ferramenta poderosa no domínio da inteligência artificial. Vamos aprofundar os detalhes do ELM, explorando os seus princípios, vantagens, aplicações e perspectivas futuras. A figura 6.12 mostra a estrutura padrão do ELM.

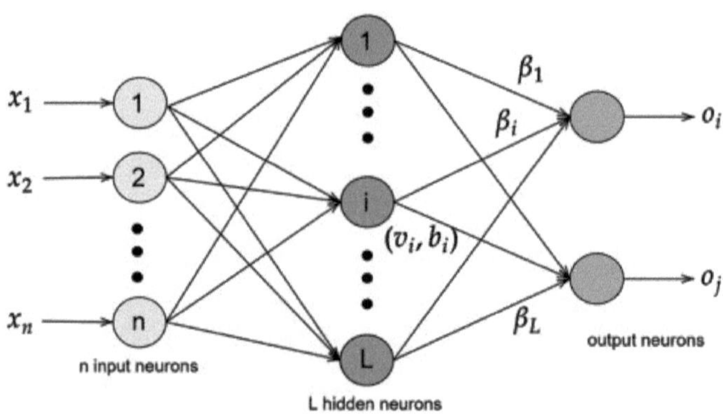

Figura 6.12 Arquitetura normalizada ELM

Na sua essência, a ELM baseia-se no conceito de treino de uma rede neural feedforward de camada oculta única (SLFN) de uma forma extrema (Guang *et al* 2006). Ao contrário das redes neurais tradicionais, em que os pesos dos neurónios ocultos são ajustados iterativamente durante o treino, a ELM adopta uma abordagem baseada na aleatoriedade para inicializar os pesos da camada oculta. Os princípios-chave do ELM incluem:

Inicialização aleatória da camada oculta: No ELM, os pesos que ligam os neurónios de entrada aos neurónios ocultos e as tendências dos neurónios ocultos são gerados aleatoriamente a partir de uma distribuição específica, como a distribuição uniforme ou gaussiana. Esses pesos e vieses aleatórios são fixos e não se alteram durante o treinamento.

Cálculo do peso de saída: Após a inicialização da camada oculta, os pesos de saída que ligam os neurónios ocultos aos neurónios de saída são calculados analiticamente utilizando a inversa generalizada de Moore-Penrose da matriz de saída da camada oculta. Esta solução analítica permite o cálculo eficiente dos pesos de saída sem a necessidade de algoritmos de otimização iterativos.

Aprendizagem rápida: Devido à sua abordagem baseada na aleatorização e à solução analítica para os pesos de saída, o ELM oferece uma velocidade de aprendizagem rápida, tornando-o adequado para aplicações em grande escala e em tempo real.

A ELM oferece várias vantagens em relação às técnicas tradicionais de aprendizagem automática, o que contribui para a sua adoção generalizada e popularidade:

Simplicidade: O ELM é simples de implementar e fácil de compreender, exigindo uma afinação mínima dos parâmetros e recursos computacionais. O seu processo de aprendizagem simples torna-o acessível tanto a investigadores como a profissionais.

Eficiência: O ELM apresenta uma velocidade de aprendizagem rápida e uma baixa complexidade computacional, permitindo uma formação eficiente em grandes conjuntos de dados e aplicações em tempo real. A sua abordagem baseada na aleatorização elimina a necessidade de otimização iterativa, reduzindo significativamente o tempo de formação.

Desempenho de generalização: Apesar da sua simplicidade, o ELM demonstra um desempenho de generalização superior, alcançando uma precisão competitiva ou mesmo melhor em comparação com algoritmos complexos e computacionalmente intensivos. A sua capacidade de lidar com dados de elevada dimensão e ambientes ruidosos torna-o adequado para várias aplicações.

Escalabilidade: A ELM é altamente escalável e pode ser facilmente paralelizada para explorar arquitecturas multicore e ambientes de computação distribuída. Esta escalabilidade permite um treino eficiente em conjuntos de dados de grande escala e acelera a implementação de sistemas baseados em ELM em aplicações do mundo real.

6.9.1 Formulação da ELM

A saída do ELM com L neurónios ocultos é dada por

$$o_k = q_L(x) = \sum_{i=1}^{L} \beta_{ik} \cdot g(v_i x_j + b_i) \tag{6.3}$$

em que x_j - o vetor de entrada da j^{th} amostra;

o_k - o vetor de saída;

v_i - o vetor de peso entre a camada de entrada e o i^{th} nó oculto;

b_i - o enviesamento do i^{th} nó oculto;

β_{ik} - o vetor de peso entre o nó oculto e o vetor de saída;

$g(v_i x_j + b_i)$ - ativação ou função de transferência.

O vetor de pesos de saída é dado por

$$\beta = [\beta_1, \beta_2,...., \beta_L]^T \tag{6.4}$$

da Equação (6.1)

$$\sum_{i=1}^{L} \beta_{ik} \cdot g(v_i x_j + b_i) = t_k$$
(6.5)

em que t_k - vetor de destino;

o vetor de pesos de saída é, $H\beta = T$ \hfill (6.6)

em que H - vetor da camada oculta, e T - vetor de destino

O peso de saída do ELM é dado por

$$\beta = H^\dagger T \tag{6.7}$$

em que $H^\dagger$ -Moore Penrose inversa generalizada da matriz H

Pelo método do projeto ortogonal,

$$H^\dagger = H^T (HH^T)^{-1} \tag{6.8}$$

Substituir o valor de $H^\dagger$ na Equação (6.6)

$$\beta = H^T (HH^T)^{-1}T \tag{6.9}$$

$$\beta = \frac{1}{c} * H^T (HH^T)^{-1}T \tag{6.10}$$

Assim, o valor-alvo é dado por

$$t_k = \sum_{i=1}^{L} \beta_{ik} \cdot g(v_i x_j + b_i)$$
(6.11)

6.9.2 Fluxo de trabalho da ELM

O fluxo de trabalho do algoritmo ELM como classificador é apresentado na Figura 6.13.

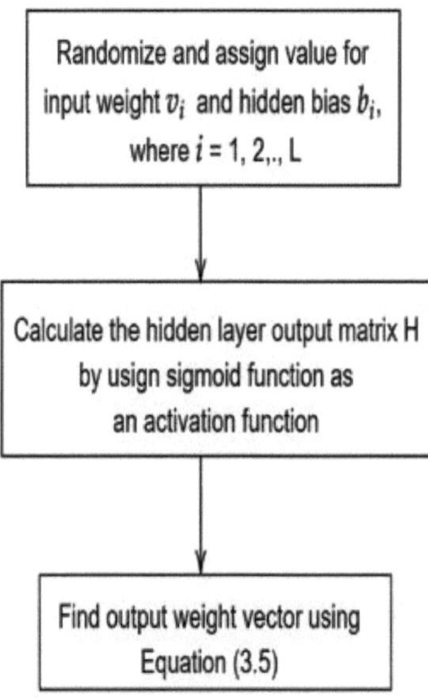

Figura 6.13 Fluxo de trabalho da ELM

6.9.3 Desvantagens da ELM

A aleatoriedade dos pesos e dos enviesamentos afecta a precisão do algoritmo (Taormina et al. 2015; Gao Huang et al. 2014). Os valores de saída da camada oculta não são totalmente classificados devido aos pesos aleatórios e aos enviesamentos ocultos (Wang et al. 2011).

6.10   Algoritmo de aprendizagem optimizado híbrido

Neste trabalho, para otimizar o peso de entrada e a polarização do nó oculto do algoritmo ELM, este é optimizado utilizando o algoritmo Whale Optimization Alogorithm

6.10.1 Modelo do optimizador de baleias

O Whale Optimization Algorithm (WOA) é um algoritmo de otimização metaheurístico inspirado no comportamento social das baleias jubarte durante o seu processo de caça. Desenvolvido por Seyedali Mirjalili e Andrew Lewis em 2016, o WOA tem como objetivo simular as interacções sociais e o comportamento de caça das baleias jubarte para resolver problemas de otimização de forma eficiente (Seyedali Mirjalili *et al.* 2016). As baleias jubarte são conhecidas pelas suas estratégias de caça coordenadas, em que trabalham em grupo para cercar e capturar cardumes de peixes usando redes de bolhas. Este comportamento cooperativo permite-lhes maximizar a sua eficiência de caça e capturar as presas de forma eficaz. O WOA inspira-se neste comportamento, modelando os processos de exploração e aproveitamento das baleias durante a caça. A baleia procura a presa como mostra a Figura 6.14. O conceito do WOA é o seguinte:

Baleia a rodear a presa: No WOA, as potenciais soluções para um problema de otimização são representadas como baleias num espaço de pesquisa. Cada baleia representa uma solução candidata, e o objetivo é encontrar a solução óptima que maximiza ou minimiza uma determinada função de aptidão.

Exploração e aproveitamento: O WOA equilibra a exploração (procura de novas soluções) e o aproveitamento (aperfeiçoamento de soluções conhecidas) através de duas fases principais:

Fase de pesquisa: Durante a fase de pesquisa, as baleias deslocam-se aleatoriamente no espaço de pesquisa para explorar novas regiões e descobrir soluções promissoras.

Fase de cerco: Na fase de cerco, as baleias convergem para as soluções mais promissoras encontradas até ao momento e cercam-nas, imitando o comportamento de caça cooperativa das baleias jubarte.

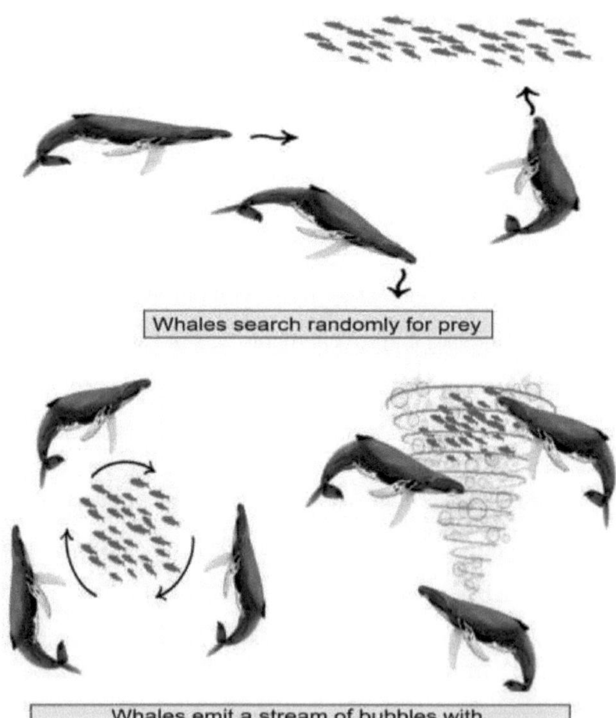

Figura 6.14 Estrutura do optimizador Whale

Formulação matemática: O movimento das baleias no espaço de pesquisa é regido por equações matemáticas que simulam o seu comportamento. Estas equações são derivadas com base nos padrões de movimento das baleias e têm como objetivo orientar a pesquisa para melhores soluções de forma iterativa.

A baleia aproxima-se da presa dentro do círculo em contração e da trajetória em espiral simultaneamente.

$$\vec{X}(t+1) = \begin{cases} \overrightarrow{X^*}(t) - \vec{M}.\vec{B}, \ p < 0.5 \\ \vec{B'}.e^{bl}.\cos(2\pi l) + \overrightarrow{X^*}(t), \ p > 0.5 \end{cases} \tag{6.12}$$

Na fase de exploração, a procura da presa (melhor solução) é efectuada através da variação de $\vec{E}$. Esta é dada por

Se $|\vec{E}| > 1$

$$\vec{B} = |\vec{E}\,\overrightarrow{X_{rand}}(t) - \vec{X}(t)| \tag{6.13}$$

$$\vec{X}(t+1) = \overrightarrow{X_{rand}}(t) - \vec{M}.\vec{B} \tag{6.14}$$

em que $\vec{B}, \vec{E}$ - os vectores de coeficientes;

X^* - vetor de posição da melhor solução;

X - vetor de posição;

$\vec{B}$ - a distância da baleia i^{th} baleia até à presa alvo (melhor solução).

O optimizador da baleia no ELM aumenta o caminho de pesquisa do mínimo global, o que é potencialmente mais bem sucedido do que as estratégias de otimização actuais. O atributo de exatidão é utilizado como uma caraterística de aptidão em todo este cenário. Se a taxa de precisão for

125

equivalente à correção da norma, os valores dos atributos são considerados correctos; caso contrário, são rejeitados e as repetições devem começar. Essa abordagem de aprendizado eficaz economiza energia e espaço quando aplicada como uma API no núcleo de computação pervasiva. Como resultado, o ELM optimizado (ELM-WOA híbrido) optimiza os hiperparâmetros (peso de entrada e polarização da camada oculta).

O Algoritmo de Otimização Whale segue um fluxo de trabalho simples, como mostra a Figura 6.15:

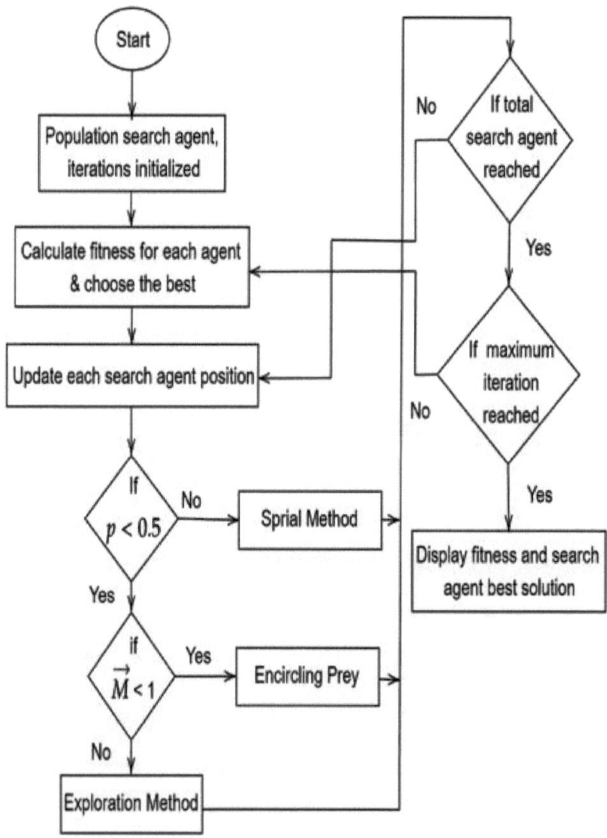

O resultado final do algoritmo ELM-WOA com hiperparâmetros optimizados. As cargas de trabalho são então rotuladas utilizando estes valores, resultando numa identificação mais eficiente utilizando os modelos de aprendizagem apresentados. O sistema optimizado com o valor de limiar categoriza melhor as cargas de trabalho. Os algoritmos de ML sugeridos identificam cargas de trabalho distintas como muito pesadas, pesadas, médias e normais relacionadas com a energia calculada, que funcionam como fontes para os compressores e alocadores.

Para aumentar o desempenho do ELM, este é optimizado utilizando o optimizador whale e o seu desempenho foi comparado com outros modelos tradicionais denominados SVM, NB,DT, KNN e ANN.

6.11 Técnica de compressão dinâmica da carga de trabalho

Depois de as cargas de trabalho serem extraídas e classificadas, são comprimidas utilizando uma abordagem de compressão dinâmica da carga de trabalho (DWC), e o nivelamento da carga de trabalho é utilizado para atribuir threads de aplicação na memória cache. A estrutura do método apresentado é ilustrada na Figura 6.16. A estrutura consiste em três blocos designados por alocador de memória, controlo de temporização e dois motores de compressão para manter os bits de escrita com a sua tabela de padrões.

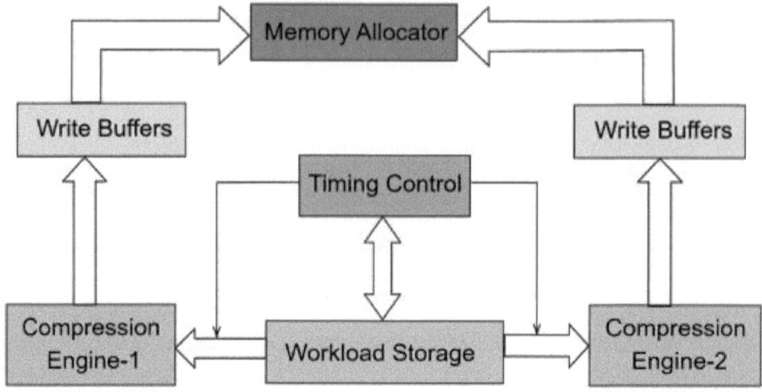

Figura 6.16 Estrutura de alocação e compressão

6.11.1 Padrão de armazenamento de carga de trabalho

A carga de trabalho classificada pelos modelos de aprendizagem sugeridos, juntamente com os bits de categorização, são armazenados nesses sistemas de armazenamento. Estes bits de classificação são utilizados para distinguir as cargas de trabalho e, em seguida, a compressão é efectuada simultaneamente para as várias cargas de trabalho.

6.11.2 Módulo de compressão

Para realizar a compressão de dados para diversas cargas de trabalho, o método divide toda a linha de cache de 64 bytes em palavras de 16 a 32 bits. Além disso, os bits classificados são utilizados para determinar o tipo de cargas de trabalho. Existem dois módulos de compressão diferentes designados por Motor de compressão-1 e Motor de compressão-2 que funcionam em ambiente dinâmico e estático, respetivamente. A condição para a compressão é pré-definida: as cargas de trabalho muito pesadas são comprimidas utilizando padrões dinâmicos

128

e as outras três categorias de cargas de trabalho (pesadas, médias e normais) são comprimidas utilizando o padrão estático. Os padrões dinâmicos são obtidos a partir das cargas de trabalho de entrada utilizando o algoritmo DPEA (utilizado no Capítulo 5) durante o tempo de execução. A técnica de compressão é implementada sempre que a condição acima prevalece.

As cargas de trabalho são categorizadas pelo mecanismo de carga de trabalho e agrupadas em duas configurações de compressão diferentes para compressão de dados. O DWC migra os compressores do estado estático para o estado dinâmico com base no tipo de carga de trabalho e nos limites de tempo de execução. Este DWC é monitorizado continuamente para observar o consumo de energia e a taxa de latência.

6.12   Configuração da avaliação

6.12.1 Ambiente de simulação

A caraterização da carga de trabalho apresentada é realizada no IDE python após a extração das suas características. Diferentes programas embebidos chamados IoMT, Mibench e cargas de trabalho do consórcio EEMBC são executados repetidamente num kit Raspberry pi-3 para recolher várias características em termos de valores de contador de hardware e software. As meta-heurísticas são simuladas no simulador GEM-5 e examinadas utilizando várias métricas.

6.12.2 Configuração experimental

O Raspberry Pi 3 Modelo B+ usa um SoC Broadcom BCM2837 com uma CPU ARM Cortex A53 de 1,2 GHz quad-core de 64 bits e uma

GPU Broadcom VideoCore IV de 400 MHz. A CPU ARM Cortex tem caches separados de 512 MB de nível dois unificado e uma ranhura microSD para armazenamento expansível. Também possui uma porta Ethernet e suporta LAN sem fios 802.11n. A configuração de avaliação é instalada com o sistema operativo Ubuntu Mate 16.04 LTS (kernel Linux 4.4.38-v7+) no Pi 3. A Tabela 6.2 detalha a configuração experimental para o trabalho de investigação. A Figura 6.17 representa a configuração de hardware da investigação.

Tabela 6.2 Especificações de hardware

Hardware	Simulador	Taxa de frequência do relógio	Memórias cache	Programação	Incorporado CPU
Raspberry Pi modelo B+	GEM-5	600 MHz a 1,4 GHz	Cache de instruções e de dados com 512 MB	Micro python	ARM Cortex-53

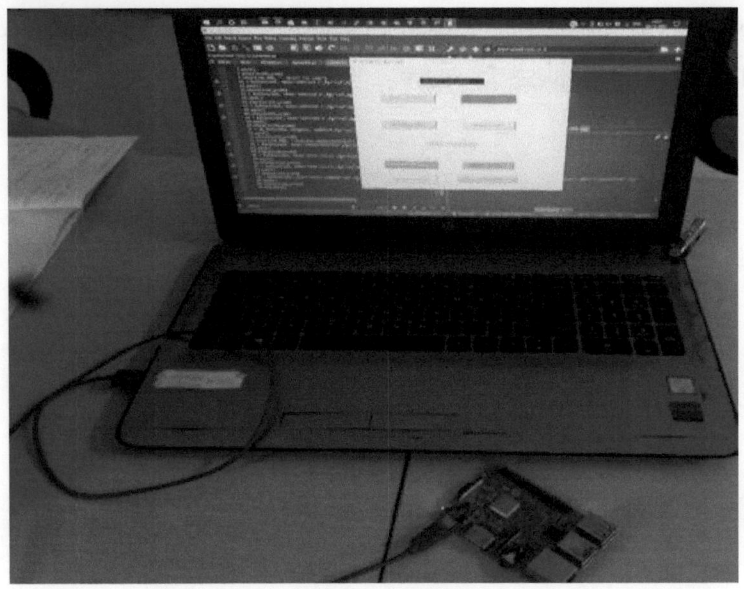

Figura 6.17 Ilustração da configuração de avaliação

6.13 Resultados e discussão

Como indicado no Capítulo 5, os mesmos três benchmarks incorporados: IoMT, MiBench e EEMBC são considerados neste trabalho. Neste capítulo, juntamente com o IPC das cargas de trabalho de entrada, os parâmetros da Tabela 6.3 também são considerados para a caraterização da carga de trabalho. As cargas de trabalho de entrada consideradas são normalizadas pelo método de normalização Min-Max.

O algoritmo híbrido apresentado é avaliado utilizando a base de dados de memória incorporada recolhida com numerosas características em termos de memória, taxa de processamento de instruções, etc. Os valores do contador de desempenho são utilizados para treinar e testar a meta-heurística. As métricas de validação consideradas para avaliar os algoritmos são a

131

exatidão, a sensibilidade e a especificidade, e as suas fórmulas são apresentadas nas equações seguintes.

Tabela 6.3 Características significativas utilizadas para a caraterização

Parâmetros de carga de trabalho	Especificações
Utilização do registo	Define o número de registos nas cargas de trabalho
Mix de instruções	Define as operações de carregamento, armazenamento, multiplicação e adição
Previsibilidade dos ramos	Define as instruções de ramificação em cargas de trabalho
Tamanho da memória	Define a capacidade do tamanho da memória utilizada para armazenar a carga de trabalho
Pipelining de instruções	Número de fases de pipelining utilizadas para as cargas de trabalho de entrada

$$Accuracy = \frac{TP+TN}{TP+TN+FP+FN}$$
(6.19)

$$Sensitivity = \frac{TP}{TP+FN}$$
(6.20)

$$Specificity = \frac{TN}{TN+FP}$$
(6.21)

6.13.1 Análise comparativa de modelos de caraterização de cargas de trabalho

Para o exame do desempenho, foram inicialmente desenvolvidos os vários algoritmos de aprendizagem supervisionada: Naive Bayes, Support Vetor Machine, KNN, Decision Tree e duas Redes Neuronais Artificiais, juntamente com ELM-WOA. Três benchmarks diferentes (IoMT, EEMBC e MiBench) são utilizados como fonte de dados de carga de trabalho para análise, com 70% das cargas de trabalho a serem utilizadas para treino e 30% a serem utilizadas para teste. O estudo do desempenho dos diferentes classificadores ML na catalogação das várias cargas de trabalho é também apresentado nas figuras [6.18, 6.19, 6.20,6.21].

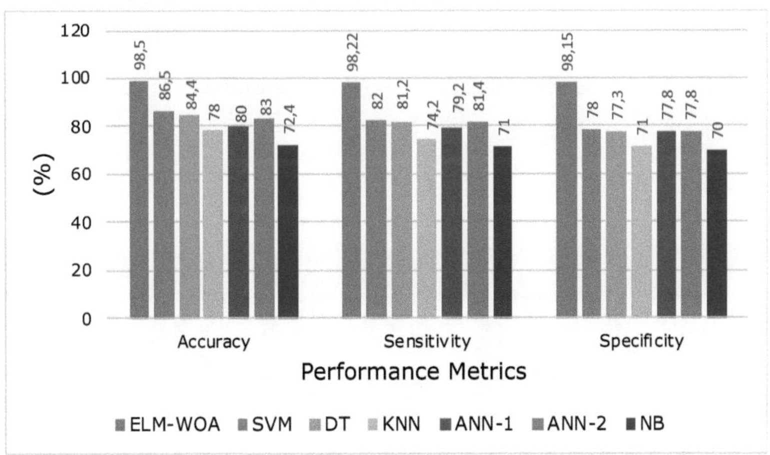

Figura 6.18 Análise do desempenho dos classificadores ML com ELM-WOA para cargas de trabalho muito pesadas

A Figura 6.18 ilustra o desempenho global obtido para grandes dados que incluem características de memória mais complexas. O modelo ELM-WOA alcançou quase 98,5% de exatidão, 98,22% de sensibilidade e 98,15% de especificidade do que outros modelos de aprendizagem.

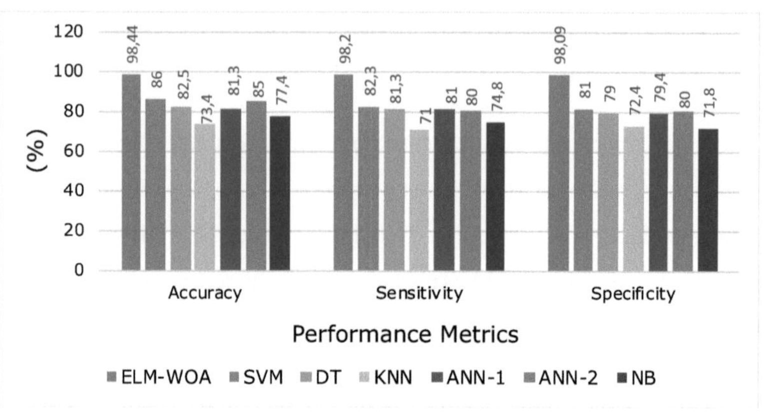

Figura 6.19 Análise de desempenho dos classificadores ML com ELM-WOA para cargas de trabalho pesadas

A Figura 6.19 ilustra o desempenho global obtido para cargas de trabalho pesadas. O modelo ELM-WOA alcançou quase 98,44% de exatidão, 98,2% de sensibilidade e 98,09% de especificidade do que outros modelos de aprendizagem.

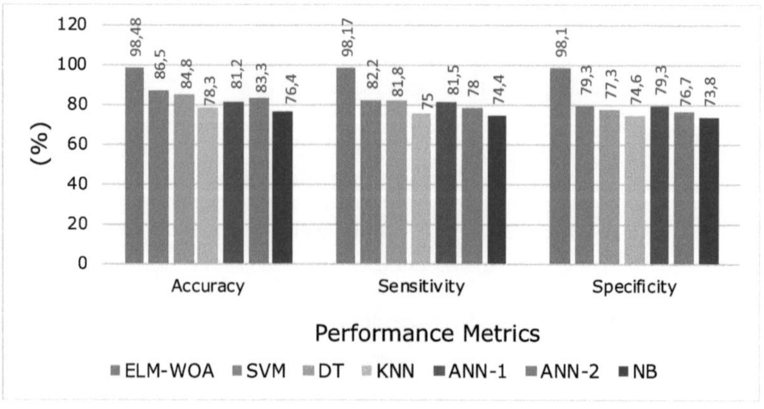

Figura 6.20 Análise de desempenho dos classificadores ML com ELM-WOA para cargas de trabalho médias

A Figura 6.20 ilustra o desempenho geral obtido para cargas de trabalho médias. O modelo ELM-WOA alcançou quase 98,48% de exatidão, 98,17% de sensibilidade e 98,1% de especificidade do que outros modelos de aprendizagem.

A Figura 6.21 ilustra o desempenho geral obtido para cargas de trabalho normais. O modelo ELM-WOA alcançou quase 98,4% de exatidão, 98,1% de sensibilidade e 98,16% de especificidade do que outros modelos de aprendizagem.

A partir dos resultados, é evidente que o ELM-WOA supera os outros classificadores ML com 14% do que o SVM, 17% do que o DT, 28% do que o KNN, 25% do que o ANN-1, 20% do que o ANN-2 e 35% do que o NB em termos de exatidão.

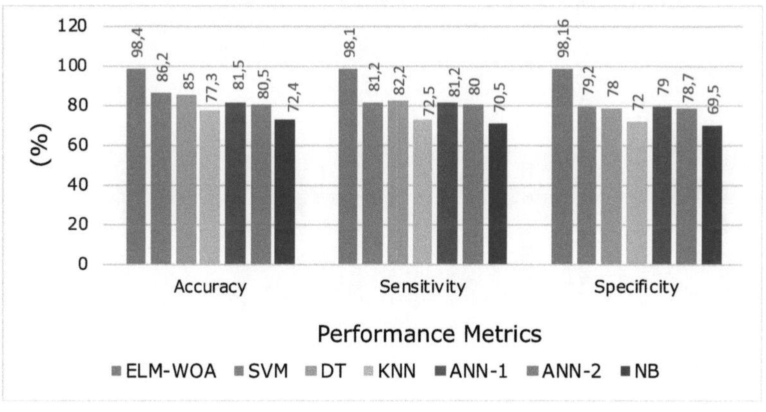

Figura 6.21 Análise de desempenho dos classificadores ML com ELM-WOA para cargas de trabalho normais

6.13.2 Análise de resistência

Nesta secção, são analisados parâmetros como a latência de escrita, a taxa de frequência de escrita (WFR) de diferentes caches (D-Cache e I-Cache) e os consumos de energia para a arquitetura de memória.

a. Latência de escrita

Normalmente, os esquemas de compressão reduzem significativamente o número de bits de escrita antes da execução da operação de escrita. O alocador de memória atribui os bits de carga de trabalho comprimidos, o que reduz rapidamente os ciclos de escrita na D-Cache e na I-Cache. Os resultados experimentais da latência de escrita na I-Cache e na D-Cache são apresentados na Figura 6.22. Verifica-se que os ciclos de escrita são reduzidos em cerca de 40%, o que de facto tem impacto na redução dos bits de escrita utilizando esquemas de compressão.

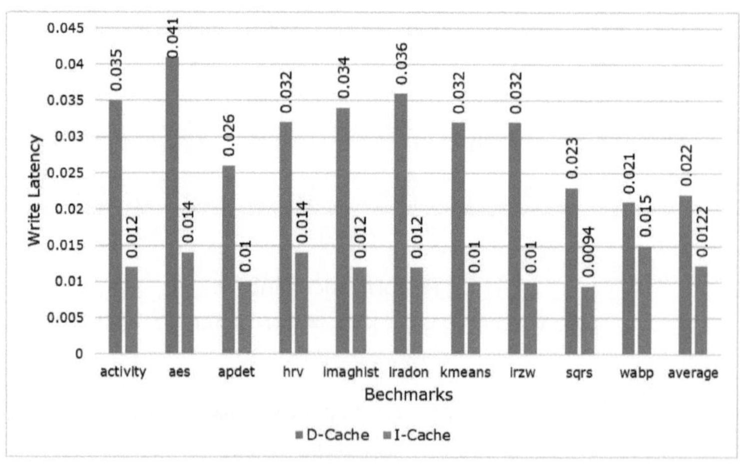

Figura 6.22 Análise da latência de escrita para a cache D e a cache I utilizando o modelo WHEAL

b. Rácio de frequência de escrita (WFR)

O rácio de frequência de escrita (WFR) é uma das métricas mais importantes para medir o tempo de vida da memória. De acordo com os valores do WFR, é determinada a distribuição das actividades de escrita na I-Cache e na D-Cache. A expressão matemática para determinar a WFR é dada da seguinte forma

$$WFR = \frac{Average\ number\ of\ write\ cycle\ operations}{One\ million\ cycles} \tag{6.15}$$

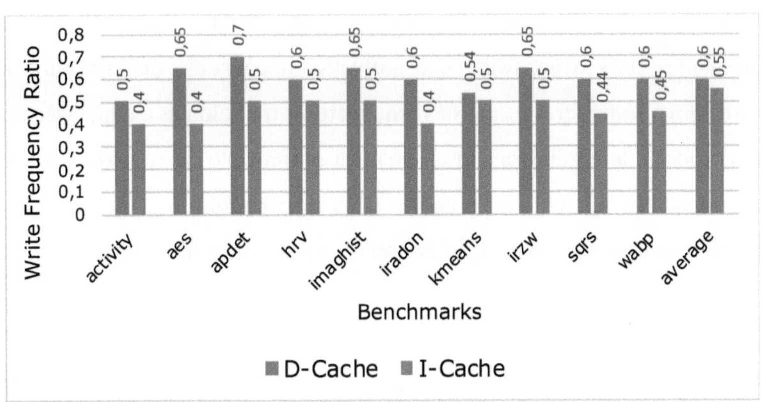

Figura 6.23 Análise da relação de frequência de escrita para a cache D e a cache I utilizando o modelo WHEAL

A WFR da cache D é significativamente reduzida em 25%, o que evita o esgotamento da resistência máxima da NVRAM. A Figura 6.23 mostra a WFR da I-Cache e da D-Cache para o modelo WHEAL em que a WFR da D-Cache é consideravelmente igual à WFR da I-Cache. Uma vez que a arquitetura incorpora a atribuição de cargas de trabalho comprimidas categorizadas na memória, a WFR da I-Cache e da D-Cache assegura uma maior resistência da NVRAM através da redução dos ciclos de escrita.

Ao integrar a caraterização da carga de trabalho e a técnica de compressão, consegue-se reduzir a latência de escrita e a WFR da NVRAM, o que, por sua vez, melhora a resistência da NVRAM.

c. Análise do consumo de energia e de despesas gerais

Os outros parâmetros, como a área, o consumo de energia e a análise da sobrecarga, são discutidos nesta secção. Ao contrário das arquitecturas tradicionais, que utilizam multiplexadores e contadores com portas lógicas, a arquitetura WHEAL utiliza a combinação de software com algumas portas lógicas. Uma vez que estas arquitecturas são orientadas para o hardware e o software, o consumo de energia e a sobrecarga são inferiores aos das arquitecturas tradicionais e a inclusão de um modelo de aprendizagem automática optimizado de camada única é adicionada como API no kernel do CPU incorporado, o que consome a energia de bit-edge em relação às outras arquitecturas tradicionais.

Neste capítulo, a caraterização da carga de trabalho e a técnica de compressão dinâmica são integradas para propor um novo modelo denominado WHEAL. No modelo WHEAL, as cargas de trabalho de entrada para os dispositivos incorporados são caracterizadas pelo algoritmo híbrido ELM-WOA. O algoritmo híbrido ELM-WOA caracteriza as cargas de trabalho de entrada em cargas de trabalho muito pesadas, pesadas, médias e normais com menos tempo de treino e elevada precisão. Além disso, as cargas de trabalho categorizadas são comprimidas utilizando a técnica DWC, em que as cargas de trabalho muito pesadas são comprimidas por um padrão dinâmico e as outras cargas de trabalho (pesadas, médias e normais) são comprimidas por um padrão estático simultaneamente por motores de compressão dupla.

A latência de escrita do modelo WHEAL situa-se no intervalo de 0,032µs a 0,27µs, para diferentes parâmetros de referência, o que é comparativamente inferior a outras técnicas de compressão. O modelo WHEAL reduz a latência de escrita e a WFR mais do que as outras técnicas de compressão e as arquitecturas existentes, o que, por sua vez, aumenta a resistência da NVRAM.

REFERÊNCIAS

1. Akanbi, OA, Amiri, IS, & Fazeldehkordi, E 2015, 'Feature Extraction. A Machine-Learning Approach to Phishing Detection and Defense", Uma abordagem de aprendizagem automática à deteção e defesa de phishing, Syngress, pp. 45-54.

2. Alameldeen, A & Wood, D 2004, "Compressão de padrões frequentes: A significance based compression scheme for L2 caches", relatório técnico, Universidade de Wisconsin, Madison.

3. Aleksandar Milenkovi & Milena Milenkovi 2003, 'Stream-Based Trace Compression', IEEE Computer Architecture Letters, vol. 2, no. 1, pp. 1- 4.

4. Altman, NS 1992, 'An Introduction to Kernel and Nearest-Neighbor Nonparametric Regression', The American Statistician, vol. 46, no. 3, pp. 175-185.

5. Amruthnath, N, & Gupta, T 2018, "Um estudo de investigação sobre algoritmos de aprendizagem automática não supervisionados para a deteção precoce de falhas na manutenção preditiva", 5.ª Conferência Internacional sobre Engenharia Industrial e Aplicações (ICIEA), pp. 355-361.

6. Angra, S & Ahuja, S 2017, "Aprendizagem automática e suas aplicações: A review", Conferência Internacional sobre Big Data Analytics e Inteligência Computacional (ICBDAC), pp. 57-60.

7. Arjomand, M, Jadidi, A, Kandemir, MT, Sivasubramaniam A, & Das C, R, 2017, 'HL-PCM: MLC PCM Main Memory with Accelerated Read', IEEE Transactions on Parallel and Distributed Systems, vol. 28, no. 11, pp. 3188-3200.

8. Bernhard E, Boser, Isabelle M, Guyon, & Vladimir N, Vapnik 1992, 'A training algorithm for optimal margin classifiers', In Proceedings of the fifth annual workshop on Computational learning theory (COLT '92). Association for Computing Machinery, Nova Iorque, NY, EUA, pp. 144-152.

9. Bruce Jacob, David Wang & Spencer Ng 2007, Memory Systems Cache, DRAM, Disk, Elsevier, Amesterdão.

10. Chang, YM, Hsiu, PC, Chang, YH, Chen, CH, Kuo, TW, & Wang, CYM 2016, 'Improving PCM Endurance with a Constant-Cost Wear Leveling

Design', ACM Transactions on Design Automation of Electronic Systems, vol. 22, no. 1, pp. 1-27.

11.   Chen, An 2016, "A review of emerging non-volatile memory (NVM) technologies and applications", Solid-State Electronics, vol. 125, pp. 25-38.

12.   Cheng, SW, Chang, YH, Chen, TY, Chang, YF, Wei, HW & Shih, WK 2016, 'Efficient Warranty-Aware Wear Leveling for Embedded Systems With PCM Main Memory', IEEE Transactions on Very Large Scale Integration (VLSI) Systems, vol. 24, no. 7, pp. 2535-2547.

13.   Chi, P, Lee, WC & Xie, Y 2016, 'Adapting B+ -Tree for Emerging Nonvolatile Memory-Based Main Memory', IEEE Transactions on Computer-Aided Design of Integrated Circuits and Systems, vol. 35, no. 9, pp. 1461-1474.

14.   Chitralekha, G & Roogi, JM 2021, "A Quick Review of ML Algorithms", 6.ª Conferência Internacional sobre Sistemas de Comunicação e Eletrónica (ICCES), pp. 1-5.

15.   Cho, S & Lee, H 2009, "Flip-n-Write: A simple deterministic technique to improve PRAM write performance, energy and endurance", em Proceedings of MICRO, pp. 347-357.

16.   Christian Hakert, Kuan-Hsun Chen, Horst Schirmeier, Lars Bauer, Paul R, Genssler, Georg von der Brüggen, Hussam Amrouch , Jörg Henkel & Jian-Jia Chen 2022, "Software-Managed Read and Write Wear-Leveling for Non-Volatile Main Memory", ACM Transactions on Embedded Computing Systems, vol. 21, n.º 1, pp 1-24.

17.   Concezio Bozzi1, Sébastien Ponce1 & Stefan Roiser 2019, 'The core software framework for the LHCb Upgrade', EPJ Web of Conferences, pp. 1- 6.

18.   Damien Hogan 2013, Genetic Programming Based Prediction and Estimations for the Endurance and Retention of NAND Flash Memory Device, tese de doutoramento, Universidade de Limerick.

19.   David J, Russell 2010, Introduction to Embedded Systems Using ANSI C and the Arduino Development Environment, Synthesis Lectures on Digital Circuits and Systems, Morgan & Claypool.

20.   Dgien, DB, Palangappa, PM, Hunter, NA, Li, J & Mohanram, K 2014, 'Compression architecture for bit-write reduction in non-volatile memory

technologies', IEEE/ACM International Symposium on Nanoscale Architectures (NANOARCH), pp. 51-56.

21. Dharamjeet, Tseng-Yi Chen, Yuan-Hao Chang, Chun-Feng Wu, Chi-Heng Lee & Wei-Kuan Shih 2021, 'Beyond Write-Reduction Consideration: Um esquema de indexação de árvore B$^+$ habilitado para nivelamento de desgaste em uma arquitetura baseada em NVRAM ', IEEE Transactions on Computer-Aided Design of Integrated Circuits and Systems, vol. 40, no. 12, pp. 2455-2466.

22. Dong Xin, Jiawei Han, Xifeng Yan & Hong Cheng 2005, 'Mining Compressed Frequent-Pattern Sets', Actas da 31.ª conferência internacional sobre bases de dados muito grandes (VLDB '05), pp. 709-720.

23. Feng, D, Xu, J, Hua, Y, Tong, W, Liu, J, Li, C, & Chen, Y 2019, 'A Low-Overhead Encoding Scheme to Extend the Lifetime of Non-Volatile Memories', IEEE Transactions on Computer-Aided Design of Integrated Circuits and Systems, vol. 39, no. 10, pp. 2516 - 2529.

24. Fitzgerald, B, Hogan, D, Ryan, C & Sullivan, J 2017, 'Endurance prediction and error Reduction in NAND flash using machine learning'17th Non-Volatile Memory Technology Symposium (NVMTS), pp. 1-8.

25. Fitzgerald, B, Ryan, C & Sullivan, J 2021, "An Early-Life NAND Flash Endurance Prediction System", em IEEE Access, vol. 9, pp. 148635-148649.

26. Freudenberger, J, Rajab, M, & Shavgulidze, S 2018, 'A Source and Channel Coding Approach for Improving Flash Memory Endurance', IEEE Transactions on Very Large Scale Integration(VLSI) Systems, vol. 26, no. 5, pp. 981-990.

27. Gao Huang, Guang-Bin Huang, Shiji Song & Keyou You 2015, 'Trends in extreme learning machines: A review", Neural Networks, vol. 61, pp. 32-48.

28. Guang-Bin Huang, Qin-Yu Zhu, Chee-Kheong Siew 2006, "Extreme learning machine: Theory and applications", Neurocomputing, vol. 70, pp. 489-501.

29. Guo, Y, Hua, Y, & Zuo, P 2018, 'DFPC: A dynamic frequent pattern compression scheme in NVM-based main memory", Design, Automation & Test in Europe Conference & Exhibition (DATE), pp. 1622-1627.

30. Guthaus, MR, Ringenberg, JS, Ernst, D, Austin, TM, Mudge T & Brown RB 2001, 'MiBench: A free, commercially representative embedded benchmark suite", Actas do Quarto Workshop Internacional Anual do IEEE sobre Caracterização da Carga de Trabalho, Austin, EUA, pp. 3-14.

31. Hoste, K & Eeckhout, L 2007, 'Microarchitecture-Independent Workload Characterization', IEEE Micro, vol. 27, no. 3, pp. 63-72.

32. Irina Alam, Saptadeep Pal & Puneet Gupta. 2019, 'Compressão com MultiECC: Enhanced Error Resiliency for Magnetic Memories", Actas do Simpósio Internacional sobre Sistemas de Memória (MEMSYS '19), pp. 85-100.

33. Jalil Boukhobza & Pierre Olivier 2017, Flash Memory Integration, Elsevier, EUA.

34. Jalili, M, & Sarbazi-Azad, H 2017, 'Endurance-Aware Security Enhancement in Non-Volatile Memories Using Compression and Selective Encryption', IEEE Transactions on Computers, vol. 66, no. 7, pp. 1132-1144.

35. Jia, G, Han, G, Jiang, J & Liu, L 2017, "Política de substituição adaptativa dinâmica na cache de último nível partilhada da memória híbrida DRAM/PCM para armazenamento de grandes volumes de dados", IEEE Transactions on Industrial Informatics, vol. 13, no. 4, pp. 1951-19601.

36. Jingfei Kong & Huiyang Zhou 2010, "Improving privacy and lifetime of PCM-based main memory", Conferência Internacional IEEE/IFIP sobre Sistemas e Redes Confiáveis (DSN), EUA, pp. 333-342.

37. Kah Phooi Seng, Paik Jen Lee & Li Minn Ang 2021. 'Embedded Intelligence on FPGA: Survey, Applications and Challenges' Electronics vol. 10, no. 8: 895, pp. 1-34.

38. Kim, S, Lee, S, Kim, T, & Huh, J 2017, 'Transparent Dual Memory Compression Architecture', 26.ª Conferência Internacional sobre Arquitecturas Paralelas e Técnicas de Compilação (PACT), pp. 206-218.

39. Kong, X, Yao, Y, Gu, N, Feng, W & Xu, X, 2021, 'Wear-Aware Out-of-Order Dynamic Scheduling for NAND Flash-Based Consumer Electronics', IEEE Transactions on Consumer Electronics, vol. 67, no. 1, pp. 40-49.

40. Kumar, Y, Kaur, K & Singh, G 2020, "Machine Learning Aspects and its Applications Towards Different Research Areas", Conferência

Internacional sobre Computação, Automação e Gestão do Conhecimento (ICCAKM), pp. 150-156.

41. Lee, W, Kang, M, Hong, S & Kim, S 2019, 'Interpage-Based Endurance-Enhancing Lower State Encoding for MLC and TLC Flash Memory Storage', IEEE Transactions on Very Large Scale Integration (VLSI) Systems, vol. 27, no. 9, pp. 2033-2045.

42. Limaye, A, & Adegbija, T 2017, 'A Workload Characterization for the Internet of Medical Things (IoMT)', Simpósio Anual da Sociedade de Computadores IEEE sobre VLSI (ISVLSI), Alemanha, pp. 302-307.

43. Limaye, Ankur & Adegbija, Tosiron 2018, "HERMIT: A Benchmark Suite for the Internet of Medical Things", IEEE Internet of Things Journal. pp. 1-10.

44. Lingyu Zhu, Zhiguang Chen, Fang Liu & Nong Xiao 2018, 'Wear Leveling for Non-Volatile Memory: a Runtime System Approach', IEEE Access, vol. 6, pp. 60622-60634.

45. Luo, H, Zhuge, Q, Shi, L, Li, J, & Sha, EHM 2013, 'Accurate age counter for wear leveling on non-volatile based main memory', Design Automation for Embedded Systems, vol. 17, no. 3-4, pp. 543-564.

46. Mativenga, R, Hamandawana, P, Kwon, SJ &. Chung, TS 2019 'ExTENDS: Colocação e gestão eficientes de dados para sistemas de armazenamento baseados em PCM de próxima geração', IEEE Access, vol. 7, pp. 148718-148730.

47. Meena, JS, Sze, SM, Chand, U, & Tseng, TY 2014, 'Overview of emerging nonvolatile memory technologies', Nanoscale research letters, vol. 9, no. 1, pp. 526.

48. MiBench Dataset 2001, Disponível em: <https://vhosts.eecs.umich.edu/mibench/>.

49. Palangappa, PM & Mohanram, K 2018. 'CASTLE: Arquitetura de compressão para NVMs seguras de baixa latência, baixa energia e alta resistência'55th ACM/ESDA/IEEE Design Automation Conference (DAC), EUA, pp. 1-6.

50. Palangappa, PM, & Mohanram, K 2016, 'CompEx: Compression-expansion coding for energy, latency, and lifetime improvements in MLC/TLC NVM', IEEE International Symposium on High Performance Computer Architecture (HPCA), pp. 90-101.

51.   Pan, C, Xie, M, Yang, C, Chen, Y, & Hu, J 2017. 'Exploiting Multiple Write Modes of Nonvolatile Main Memory in Embedded Systems', ACM Transactions on Embedded Computing Systems, vol. 16, no. 4, pp. 1-26.

52.   Pedretti, G, Graves, CE, Serebryakov, S, Ruibin Mao, Xia Sheng, Martin Foltin, Can Li & John Paul Strachan 2021, 'Aprendizagem automática baseada em árvores realizada na memória com CAM analógica memristiva. Natural Communication, vol. 12, no. 5806, pp. 1-10.

53.   Pekhimenko, G, Seshadri, V, Mutlu, O, Gibbons, PB, Kozuch, MA & T. C. Mowry 2012, 'Base-delta-immediate compression: Practical data compression for on chip caches", Actas da Conferência Internacional sobre Arquitecturas Paralelas e Técnicas de Compilação (PACT), pp. 1-12.

54.   Peter J, Denning, 1970, 'Virtual Memory', ACM Computing Surveys, vol. 2, no. 3, pp. 153-189.

55.   Poovey, JA, Conte, TM, Levy, M, & Gal-On, S 2009, 'A Benchmark Characterization of the EEMBC Benchmark Suite', IEEE Micro, vol. 29, no. 5, pp. 18-29.

56.   Qingyue Liu & Peter Varman 2017, 'Ouroboros Wear Leveling for NVRAM Using Hierarchical Block Migration', ACM Transactions on Storage, vol. 13, no. 4, pp 1-31.

57.   Qureshi, MK, Karidis, J, Franceschini, M, Srinivasan, V, Lastras L, & Abali, B 2009, 'Enhancing lifetime and security of PCM-based main memory with start-gap wear leveling' in Proceedings of 42nd Annual IEEE/ACM International. Simpósio. Microarquitectura. (MICRO), pp. 14.

58.   Ruixiang Ma, Wu, F, Zhang, M, Lu, Z, Wan, J, & Xie, C 2019, 'RBER-Aware Lifetime Prediction Scheme for 3D-TLC NAND Flash Memory', IEEE Access, vol. 7, pp. 44696-44708.

59.   Ruud van der Pas 2002, Memory Hierarchy in Cache-Based Systems, Sun Microsystems, Santa Clara, Califórnia.

60.   Seyedali Mirjalili, Andrew Lewis 2016, 'The Whale Optimization Algorithm', Advances in Engineering Software, vol. 95, pp. 51-67.

61.   Seznec, A 2010, "A Phase Change Memory as a Secure Main Memory", IEEE Computer Architecture Letters, vol. 9, no. 1, pp. 5-8.

62. Sheng-Wei Cheng, Yuan-Hao Chang, Tseng-Yi Chen, Yu-Fen Chang, Hsin-Wen Wei & Wei-Kuan Shih 2016, 'Efficient Warranty-Aware Wear Leveling for Embedded Systems With PCM Main Memory', IEEE Transactions on Very Large Scale Integration (VLSI) Systems, vol. 24, no. 7, pp. 2535-2547.

63. Taormina R, Chau KW 2015, 'Data-driven input variable selection for rainfall-runoff modeling using binary-coded particle swarm optimization and extreme learning machines', Journal of Hydrology, vol. 529, pp. 1617-1632.

64. Wang Y, Cao F, Yuan Y 2011, "A study on effectiveness of extreme learning machine", Neurocomputing, vol. 74, no. 16, pp. 2483-2490.

65. Wang, S, Duan, G, Li, Y, & Dong, Q 2017, 'Word- and Partition-Level Write Variation Reduction for Improving Non-Volatile Cache Lifetime', ACM Transactions on Design Automation of Electronic Systems, vol. 23, no. 1, pp. 1-18.

66. Xie Y 2011, "Modeling, architecture, and applications for emerging memory technologies", IEEE Design & Test of Computers, vol. 28, no.1, pp. 44 - 51.

67. Yang, FJ 2018, "An Implementation of Naive Bayes Classifier", Conferência Internacional sobre Ciência Computacional e Inteligência Computacional (CSCI), pp. 301-306.

68. Zambelli, C, Cancelliere, G, Riguzzi, F, Lamma, E, Olivo, P, Marelli, A & Micheloni, R 2017, 'Characterization of TLC 3D-NAND Flash Endurance through Machine Learning for LDPC Code Rate Optimization', IEEE International Memory Workshop (IMW), pp. 1-4.

69. Zhang, GP 2000, "Neural networks for classification: a survey", IEEE Transactions on Systems, Man and Cybernetics, Part C (Applications and Reviews), vol. 30, no. 4, pp. 451- 462.

70. Zhang, H, Wang, J, Chen, Z, Pan, Y, Lu, Z & Liu, Z 2021, 'An SVM-Based NAND Flash Endurance Prediction Method', Micromachines, vol. 12, no. 7, pp. 1-21.

71. Zhu Mei, Lin Wang, Jun Yu, Hengmao Pang, Haiyang Chen, Luwei Zhang, Jinlong Wu, Mingjie Xu e Lin Qian. 2020, "Research on write optimization of NVRAM memory management system based on decision tree and LSM-Tree" [Investigação sobre a otimização da escrita do sistema

de gestão da memória NVRAM com base na árvore de decisão e na árvore LSM], Actas da Conferência Internacional de 2020 sobre Computadores, Processamento de Informação e Educação Avançada (CIPAE 2020), Nova Iorque, NY, EUA, pp. 89-95.

yes

I want morebooks!

Buy your books fast and straightforward online - at one of world's fastest growing online book stores! Environmentally sound due to Print-on-Demand technologies.

Buy your books online at
www.morebooks.shop

Compre os seus livros mais rápido e diretamente na internet, em uma das livrarias on-line com o maior crescimento no mundo! Produção que protege o meio ambiente através das tecnologias de impressão sob demanda.

Compre os seus livros on-line em
www.morebooks.shop

info@omniscriptum.com
www.omniscriptum.com

Printed by Books on Demand GmbH, Norderstedt / Germany